留学生のための
日本語で学ぶ
パソコンリテラシー

橋本恵子・金子大輔・西村靖史・宮川幹平・岡本尚志・林 泰子 著

張 浩帆・崔 殷爀・大塚良治 訳

共立出版

はじめに

　昨今，日本の大学には多くの留学生が在籍しているが，初年度における日本語能力が十分とはいえない留学生も見受けられる。特に情報関連科目では，その操作方法の説明過程において様々なコンピュータ用語が使用される。これらの用語は計算機リテラシーの観点からは基本的用語であるが，日常生活で一般的に使用される用語ではないこと，またカタカナ語が多いことなどから，留学生にとっては理解が難しい場合が多い。そのため，日本語能力がネックとなってコンピュータ演習等の授業についていけないということが実際に生じている。このような状況から，情報関連科目の基礎演習の中に留学生クラスを設ける大学も散見される。しかし，それらのクラスで使用する適当な教科書はほとんどないのが現状である。

　本書は，日本語能力の向上と同時にパソコン操作能力の向上を図ることを目的にした教科書である。本文中の漢字にはルビをふり，中国語，韓国語，英語訳を付け，各章の練習問題は日本事情や日本文化を学べるような内容とし，留学生が興味を持って課題に取り組めるようにした。大学や短期大学だけでなく，高等学校や専門学校，日本語学校等で学ぶ留学生にも広く使える内容である。また，情報教育の教科書としてだけでなく，パソコンを使用した作文指導など，日本語教育の教科書としても利用できるのが本書の特徴である。

　本書の構成と執筆者は次の通りである。いずれも，実際に授業を担当している教員を執筆者として選び，「わかりやすさ」を第一に心掛けて記述した。第1章 Windowsの基本操作（橋本），第2章 Wordの操作と活用（橋本），第3章 Excelの操作と活用（西村），第4章 PowerPointの操作と活用（金子），第5章 インターネットの活用（岡本），第6章 情報倫理（林），第7章 ビデオ編集（宮川），第8章 Webページ制作（金子）である。また各章の翻訳は，中国語訳（張），韓国語訳（崔），英語訳（大塚）が担当した。

　付録として，情報処理関係や日本語能力関係の検定試験情報，および，日本語を学ぶのに便利なWebページの情報等も紹介した。各章に出てくる重要語句には，より理解がしやすいように，中国語，韓国語，英語訳を付けている。

　最後に，本書の出版の機会を与えて下さった共立出版株式会社営業部 木村邦光氏，編集部 山内千尋氏に厚く御礼申し上げたい。

2014年12月　　　　　　　　　　　　　　　　　　　　　　　　　　　　　　　橋本 恵子

目 次

第1章 Windowsの基本操作 　　　　　　　　　　　　　　　　　　　　1

1.1 Windows 8.1 の起動と終了　2
1.2 ウィンドウサイズの変更・移動　3
1.3 フォルダの作成　4
1.4 スタート画面に戻る　4
1.5 シャットダウン　4
1.6 日本語入力　5
1.7 多言語入力　9
1.8 単語登録　10

第2章 Wordの操作と活用 　　　　　　　　　　　　　　　　　　　　12

2.1 Wordの基本操作　13
2.2 ファイルの保存と呼び出し，終了　14
2.3 編集の基本操作　15
2.4 コピーと移動　16
2.5 文字飾り　17
2.6 ページレイアウト　19
2.7 置換　20
2.8 イラストの挿入（クリップアート）　20
2.9 ワードアート　21
2.10 表の作成　22

2.11 図形の作成　24
2.12 ヘッダーとフッター　26
2.13 印刷　26
2.14 ビジネス文書の基本フォーマット　27
章末問題　30

第3章　Excelの操作と活用　31

3.1 Excel（表計算ソフト）の機能　32
3.2 Excelの基本操作　32
3.3 Excelのデータ入力　37
3.4 集計ファイルの作成　40
3.5 Excelを使ったグラフの作成　47
3.6 Excelを使った集計・分析の基礎　49
3.7 Excelを使ったデータ分析　52
章末問題　54

第4章　PowerPointの操作と活用　55

4.1 PowerPointの基礎　55
4.2 見栄えのよいスライドの作成　59
4.3 プレゼンに説得力を持たせる　63
4.4 注目を促すスライドの作成　73
4.5 プレゼンの準備　78
4.6 プレゼンの実施　83
章末問題　87

第5章　インターネットの活用　88

5.1 Webブラウザの基本操作　89
5.2 検索サイト　93

- **5.3** 検索サイトを用いた情報検索　96
- **5.4** パソコン以外の活用　98
- **5.5** Webコミュニケーション　99
- **5.6** Web活用上の注意　102
- **5.7** 電子メール　103
- 章末問題　109

第6章　情報倫理—インターネット社会と情報倫理—　110

- **6.1** 情報倫理の重要性　111
- **6.2** 情報の特性　112
- **6.3** 情報社会の「光」と「影」　113
- **6.4** 著作権　115
- **6.5** 個人情報　117
- **6.6** 情報倫理と道徳的判断　119
- 章末問題　123

第7章　ビデオ編集　125

- **7.1** 実習のための事前準備　126
- **7.2** ムービー制作の基本　127
- **7.3** 映像情報の編集1：詳細設定　140
- **7.4** 映像情報の編集2：アニメーション効果　143
- **7.5** 音声情報の編集　146
- **7.6** 文字情報の編集　149
- **7.7** 終わりに　151
- 章末問題　151

第 8 章　Web ページの制作　152

8.1 HTML の基礎　153
8.2 HTML の応用　160
8.3 Web サイトの構築　167
章末問題　171

付録：検定試験などの情報　172

解答　175

重要語彙リスト（3 か国語訳）　180

第1章
Windowsの基本操作

　本章では，Windowsの基本操作について習得することを目的とする。WindowsはMicrosoft社の基本ソフト（OS = Operating System）である。現在，パソコン市場で最もよく利用されている基本ソフトの1つである。OSは，ハードウェアの制御や，アプリケーションソフト（ワープロや表計算ソフトなど）が動作するように設定したり，ディスプレイやプリンタなどの周辺機器を管理したりする働きを持つ。

第1章　Windows 的基本操作

　本章的目的是学会Windows的基本操作。Windows是微软公司的软件（操作系统＝Operating System），是目前电脑市场上应用最为广泛的一款软件。操作系统具有操控硬件、支持应用软件（文字处理和表格处理软件等）运行、管理显示屏和打印机等外部设备的功能。

제1장　윈도우의 기본 조작

　본 장(章)에서는 윈도우의 기본조작에 관해서 습득하는 것을 목적으로 한다. 윈도우는 마이크로소프트 (OS=Operating System) 의 기본 소프트이다. 현재는 컴퓨터 시장에서 가장 자주 이용되고 있는 기본 소프트의 하나이다. OS은 하드웨어의 제어나 어플리케이션 소프트 (워드프로세서, 표 계산 소프트 등)이 동작하도록 설정하거나 디스플레이 및 프린터 등 주변기기를 관리하거나 하는 기능을 갖는다.

Chapter 1　Elementary Operation of Windows

　This chapter is designated to master elementary operation of Windows, starting with base. Windows is operating system of Microsoft. Currently Windows is one of the most commonly used operating system. OS plays role of controlling hardware, setting to work application soft（for example, word processor or spreadsheet software）, managing peripheral devices（for example, displays or printers）.

1.1 Windows 8.1 の起動と終了

(1) Windows 8.1 の起動

① パソコンの電源を入れ，トップ画面が表示されたら Enter を押すか，画面をクリックする（大学のパソコンなどでは，Ctrl + Alt + Delete でログイン画面を表示する設定になっている場合がある）。

② ユーザーアカウントを選び，パスワードを入力して Enter を押す。

(2) スタート画面

Windows 8.1 のスタート画面が表示される（図 1.1）。スタート画面は，パソコンの様々な操作の出発点であり，インストールされたアプリケーションのパネルボタン（タイルという）が配置されている。また，画面右下にマウスを合わせると「チャーム」が表示される。

図 1.1 スタート画面

(3)「アプリ」ビュー

「アプリ」ビュー（図 1.2）を表示するには，スタート画面の左下隅にある矢印をクリックする。「アプリ」ビューには，パソコンにインストールされている全てのアプリが表示されるので，利用したいアプリケーションソフトをクリックする。ここでは，Windows アクセサリの中から「メモ帳」を起動する。

図 1.2 アプリビュー

(3) デスクトップ

デスクトップを表示するには，「スタート画面」のデスクトップタイルをクリックするか，キーボードでWindowsキー（⊞）+ Dを押す。この画面で，Word，Excel，PowerPointなどのデスクトップ・アプリを使用できる。

(4) マウスの使い方

マウスはパソコンを操作するための周辺装置である（図1.3）。デスクトップ上には，マウスと連動して動くマウスポインタがある。2つのボタンの間に「ホイール」があり，ホイールを回転させることで，画面をスクロール（上下に移動など）ができる。

- ポイント…マウスを画面上のコマンドなどの上に静止させること
- クリック…マウスの左ボタンを1回押すこと
- 右クリック…マウスの右ボタンを1回押すこと
- ダブルクリック…マウスの左ボタンを2回素早く押すこと
- ドラッグ…マウスの左ボタンを押したまま，マウスを移動すること
- ドロップ…ドラッグした状態からボタンを離すこと

図1.3 マウス

1.2　ウィンドウサイズの変更・移動

(1) 最小化・最大化・閉じる

ソフトを起動した際，ウィンドウサイズを変更したい場合は，画面右上にある「最小化」，「最大化」，「閉じる」ボタンで画面の大きさを変更できる。また，好きなサイズに変更したい場合は，ウィンドウの境界線にマウスを合わせ，ドラッグすると，上下や左右，斜めに拡大・縮小できる（図1.4）。

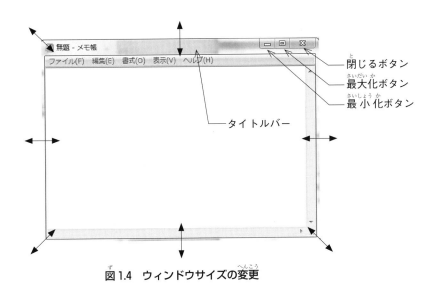

図1.4　ウィンドウサイズの変更

(2) ウィンドウの移動

ウィンドウの位置を移動したい時は，タイトルバーにマウスを合わせドラッグする。ドラッグとはマウス操作の1つで，マウスの左のボタンを押さえたままマウスを動かすことである。

1.3 フォルダの作成

フォルダとは，ファイルを分類・整理するための保管場所のことである。フォルダには名前（フォルダ名）を付けることができ，関連する複数のファイルをまとめて1つのフォルダに入れることで，効率的にファイルを管理することができる。
① デスクトップで右クリックする。
②「ショートカットメニュー」が表示される。
③「新規作成」「フォルダ」を選択する。
④「新しいフォルダ」が作成されるので，適切なフォルダ名を付ける（科目名など）。
　＊後からフォルダ名を変更したい場合は，変更したいフォルダを右クリックし，「名前の変更」を選ぶ。

1.4 スタート画面に戻る

キーボードで，Windows キー（⊞）を押す。または，Windows キー（⊞）＋ C を押してチャームを開き，「スタート」をクリックするか，画面の左下隅にある「スタート」ボタン⊞をクリックする（図1.5）。

図1.5　スタート画面への戻り方

1.5 シャットダウン

シャットダウンや再起動をする方法は次の通りである。
① 画面の右下にマウスを合わせ，チャームを表示させ，「設定」を選択する。
②「電源」から「シャットダウン」を選択する。

- 検索：パソコン内，インターネットの検索ができる。
- 共有：写真やニュースなどの情報を共有できる。
- スタート：いつでも，スタート画面に戻れる。
- デバイス：印刷機や周辺機器にアクセスできる。
- 設定：パソコンやアプリの設定，シャットダウン，ヘルプが選択できる。

1.6 日本語入力

Windowsには，ひらがな，カタカナ，漢字などの日本語を入力するため，日本語入力システム「IME（Input Method Editor）」が付属している（図1.6）。

クリックすると入力モードが
「あ」⇔「A」に切り替わる

図1.6 IME

(1) 文字の入力と変換

あ を右クリックすると，ひらがな，全角カタカナ，半角カタカナ，全角英数，半角英数から入力文字種を選択できる。ひらがな，カタカナは漢字変換できる。

日本語の文字の入力は，ローマ字入力で行う。「あ」は A，「か」は K A と入力する。

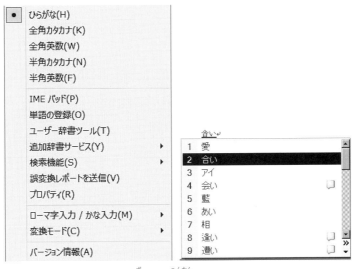

図1.7 変換モード

① よみがな変換
　キーボードから日本語の読みを入力し，Space キーを押すと変換できる（下線が付いた状態）。正しい漢字に変換できたことを確認の上，Enter キーで確定する（下線が消える）。

課題 次の単語を入力しなさい。

大学　日本語　東京　福岡　大阪　文学部　漢字　幹事　監事　変換　操作　電話　手紙　学部　学科
機能　昨日　帰納　対象　周辺　試験　前期　後期　碁

入力方法

DAIGAKU　NIHONNGO　TOUKYOU　HUKUOKA　OOSAKA
BUNNGAKUBU　KANNZI　HENNKANN　SOUSA　DENNWA
TEGAMI　GAKUBU　GAKKA　KINOU　TAISYOU　SYUUHENN
SIKENN　ZENNKI　KOUKI　GO

② 難しい日本語入力のポイント
　「ゃ，ゅ，ょ，っ」などの拗音や促音の入力は，次の通りである。
　　　　　SYOUSYA→商社　　GAKKA→学科　　NYUURYOKU→入力
詳細は，次ページのローマ字変換表を確認のこと。

③ ファンクションキーによる変換
　日本語には頻繁にカタカナ表記が用いられるが，Space キーで変換してもなかなか目的のカタカナに変換できない時などは，ファンクションキーを用いて素早く変換ができる。

F7	全角カタカナ	パスポート　ノート
F8	半角カタカナ	ﾊﾟｽﾎﾟｰﾄ　ﾉｰﾄ
F9	全角英数字	ＳＣＨＯＯＬ　１２３４５６
F10	半角英数字	school　123456

　全角・半角とは，文字の基本的な大きさを示し，全角とはひらがなや漢字1文字分の大きさ，半角とは全角の半分の大きさの文字のことである。漢字やひらがなは，全て「全角」で表記される。しかし，カタカナや英数文字は「全角」とは別に「半角」という表記文字がある。一般に英単語や数字の入力は「半角」で行われる。

ローマ字変換表

あ	い	う	え	お
A	I	U	E	O
か	き	く	け	こ
KA	KI	KU	KE	KO
さ	し	す	せ	そ
SA	SI SHI	SU	SE	SO
た	ち	つ	て	と
TA	TI CHI	TU TSU	TE	TO
な	に	ぬ	ね	の
NA	NI	NU	NE	NO
は	ひ	ふ	へ	ほ
HA	HI	HU FU	HE	HO
ま	み	む	め	も
MA	MI	MU	ME	MO
や	い	ゆ	いぇ	よ
YA	YI	YU	YE	YO
ら	り	る	れ	ろ
RA	RI	RU	RE	RO
わ	うぃ	う	うぇ	を
WA	WI	WU	WE	WO
ん	ん			
NN	N			

※「ん」の入力：母音（aiueo）の前は"NN"。
　子音（aiueo以外）の前は"N"1回で可。

きゃ	きぃ	きゅ	きぇ	きょ
KYA	KYI	KYU	KYE	KYO
ぎゃ	ぎぃ	ぎゅ	ぎぇ	ぎょ
GYA	GYI	GYU	GYE	GYO
しゃ	しぃ	しゅ	しぇ	しょ
SYA SHA	SYI	SYU SHU	SYE SHE	SYO SHO
じゃ	じぃ	じゅ	じぇ	じょ
JA JYA ZYA	JYI ZYI	JU JYU ZYU	JE JYE ZYE	JO JYO ZYO
ちゃ	ちぃ	ちゅ	ちぇ	ちょ
TYA CYA CHA	TYI CYI	TYU CYU CHU	TYE CYE CHE	TYO CYO CHO
ぢゃ	ぢぃ	ぢゅ	ぢぇ	ぢょ
DYA	DYI	DYU	DYE	DYO
てゃ	てぃ	てゅ	てぇ	てょ
THA	THI	THU	THE	THO
でゃ	でぃ	でゅ	でぇ	でょ
DHA	DHI	DHU	DHE	DHO
にゃ	にぃ	にゅ	にぇ	にょ
NYA	NYI	NYU	NYE	NYO
ひゃ	ひぃ	ひゅ	ひぇ	ひょ
HYA	HYI	HYU	HYE	HYO
びゃ	びぃ	びゅ	びぇ	びょ
BYA	BYI	BYU	BYE	BYO
ぴゃ	ぴぃ	ぴゅ	ぴぇ	ぴょ
PYA	PYI	PYU	PYE	PYO
ふぁ	ふぃ		ふぇ	ふぉ
FA	FI		FE	FO
ふゃ	ふぃ	ふゅ	ふぇ	ふょ
FYA	FYI	FYU	FYE	FYO
みゃ	みぃ	みゅ	みぇ	みょ
MYA	MYI	MY	MYE	MYO
りゃ	りぃ	りゅ	りぇ	りょ
RYA	RYI	RYU	RYE	RYO

【濁音／半濁音】

が	ぎ	ぐ	げ	ご
GA	GI	GU	GE	GO
ざ	じ	ず	ぜ	ぞ
ZA	ZI JI	ZU	ZE	ZO
だ	ぢ	づ	で	ど
DA	DI	DU	DE	DO
ば	び	ぶ	べ	ぼ
BA	BI	BU	BE	BO
ぱ	ぴ	ぷ	ぺ	ぽ
PA	PI	PU	PE	PO
ヴぁ	ヴぃ	ヴ	ヴぇ	ヴぉ
VA	VI	VU	VE	VO

【拗音／促音】

ぁ	ぃ	ぅ	ぇ	ぉ
LA XA	LI XI	LU XU	LE XE	LO XO
っ		ゃ	ゅ	ょ
LTU XTU		LYA XYA	LYU XYU	LYO xyo

※促音（っ）の入力：後ろにくる子音を2つ重ねる。
例）がっこう：GAKKOU
　　きって：KITTE

④ IMEパッド

　IMEパッドを使うと，画数や部首の指定，あるいは手書きすることで読みのわからない漢字を探すことができる。IMEの あ を右クリックし，「IMEパッド」を選び，マウスで文字を描いて漢字を検索する（図1.8）。

図1.8　IMEパッド

(2) 記号の入力

① キーボードから入力する。

　1つのキーにはいくつかの記号が刻印されているが，そのまま押すと「１２３・・・」などの数字が，Shift キーを押しながら入力すると「！"＃＄％＆'（）・・・」などの記号が入力できる。

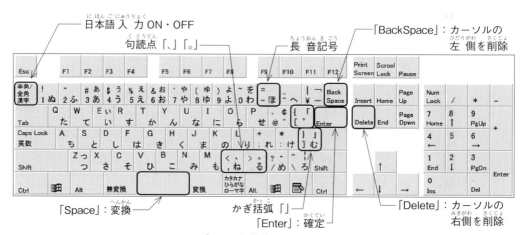

図1.9　日本語キーボード

② 読みを使って入力する記号

　記号の読みを入力して，Space キーで変換する。

「ゆうびん」…〒　　　「ほし」…☆★　　　「こめ」…※　　　「まる」…●◎○

「さんかく」…△▲　　「しかく」…□■◇◆　「１」…①Ⅰ　　　「２」…②Ⅱ

「やじるし」…←→↑↓　「かっこ」…【】『』≪≫　「おんぷ」…♪　　「おなじ」…々ゞ

入力方法

YUUBINN Space　HOSI Space　KOME Space　MARU Space
SANKAKU Space　SIKAKU Space
YAZIRUSI Space　KAKKO Space　ONNPU Space　ONAZI Space

(3) 文節区切りの変更

　文章を入力する時は，文節ごとに変換することで漢字の変換ミスを防ぐことができる。目的の漢字に変換されなかった部分がある場合は，→キーで変換したい箇所に移動して入力後，文節が正しく認識されていない場合は，Shift +→ または Shift +← で文節の長さを変更することができる。正しい文節が認識されたら，Space キーで変換を行う。

ASUHAISHANIIKU（あすはいしゃにいく）

明日歯医者に行く　→　明日は医者に行く

明日歯医者に行く　Shift +→　あすはいしゃに行く　明日は医者に行く

問題 1.1 以下の文字を入力し，「練習」とファイル名を付けて保存しなさい。

赤い花、紅い華。

今日は良い天気です。

ここで履物を脱ぐ。ここでは着物を脱ぐ。

コンピュータ　ウィンドウズ　マルチメディア　ディスク　ミルクティー

Windows　WORD　excel　POWER

Monday　Office　Academic

コップ　ヨット　切手

ヨーグルト　アメリカ　機会　機械　器械　伝統　電灯　電燈　鑑賞　感傷

1.7　多言語入力

　日本語以外の言語を入力できるようにするには，画面の左下隅にある「スタート」ボタン ■ を右クリックする。

① 「コントロールパネル」を選び，「言語の追加」をクリックする。
② 「言語」画面が表示されたら，「言語の追加」をクリックする。
③ 追加したい言語を選択して，「追加」を選ぶと，日本語以外の言語を追加できる。
④ をクリックして，日本語以外の言語を選択する。

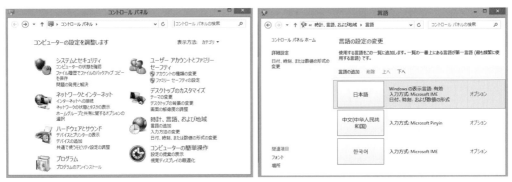

図 1.10　多言語入力の設定

図 1.11　言語の追加

1.8　単語登録

よく利用する単語などは，入力しやすい読みで単語を登録しておくと便利である。
① IME の あ を右クリックし，「単語登録」を選択する。
②「単語登録」画面で，登録したい単語と読みを入力し，「登録」。

図 1.12　単語登録

問題 1.2　自分の氏名を入力しやすい読みで単語登録しなさい。

第2章 Wordの操作と活用

　本章では，ワープロソフトのWordを利用して，ビジネス文書やその他の文書を効果的に作成する方法を習得することを目的とする。文字だけでなく表や写真，イラスト，図形などを効果的に挿入してインパクトのある文書を作成できるMicrosoft Wordは，現在，企業などで最もよく利用されているワープロソフトの1つである。

第 2 章　Word 的操作与应用

　　本章利用文字处理软件 Word 学习制作商务文书和其它文书的方法。不仅仅是文字，还能通过插入表格及照片，插图，图形等制作有鲜明特色文书的 Windows Word 是目前企业等应用最为广泛的一款文字处理软件。

제 2 장　워드의 조작과 활용

　본 장(章)에서는 워드 프로세서 소프트웨어의 워드를 이용하여, 비즈니스 문서나 그 외의 문서를 효과적으로 작성하는 방법을 습득하는 것을 목적으로 한다. 문자만이 아니라 표나 사진, 일러스트, 도형 등을 효과적으로 삽입하고 획기적인 문서를 작성할 수 있는 마이크로소프트는 현재 기업 등에서 가장 자주 이용되고 있는 워드프로세서 소프트웨어의 하나이다.

Chapter 2　Operations and Using of Word

This chapter is designated to master effective way to draw up business documents or other documents using Word. Microsoft Word, or one of the most commonly used word processor soft, is able to draw up effective documents by inserting not only character but also tables, pictures, illustrations, or figures.

2.1 Wordの基本操作

(1) 起動と初期画面

Windows 8.1 のスタート画面から Word 2013 を起動する。または，アプリ一覧から Word 2013 を起動することもできる。

Word 2013 を起動すると，最初に「スタート画面」が表示される（図 2.1）。左側には「最近使ったファイル」，右側には「テンプレート」が表示される。新規に文書を作成したい場合は，「白紙の文書」を選択する。

図 2.1 Word のスタート画面

(2) Word の画面構成

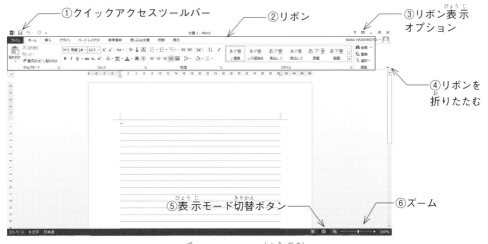

図 2.2 Word の初期画面

① クイックアクセスツールバー：よく使うコマンドを登録し，簡単に利用できるようにする。
② リボン：コマンドを実行するボタンが並んでいる。コマンドは関連機能ごとにタブで分類され，さらにグループごとに並んでいる。
③ リボン表示オプション：タブとリボンの表示・非表示を設定する。
④ リボンを折りたたむ：リボンが折りたたまれ，タブだけの表示になる。
⑤ 表示モード切替ボタン：文書ウィンドウの表示モードを切り替える。
⑥ ズーム：画面の表示倍率を変更する。

2.2 ファイルの保存と呼び出し，終了

新規作成したファイルを保存する。

(1) 名前を付けて保存

① 「ファイル」タブをクリックし，「名前を付けて保存」。
② 「コンピュータ」「参照」を選択し，「名前を付けて保存」ダイアログボックスが表示されたら，ファイルを保存する適切な場所を選択し，ファイル名を入力して「保存」ボタンをクリックする。

図2.3 保存画面

(2) 上書き保存

ファイルを更新し，そのままのファイル名で保存する場合は，「ファイル」「上書き保存」か，クイックアクセスツールバーの「上書き保存」ボタンをクリックする。

(3) ファイルを閉じる

「ファイル」「閉じる」。

(4) ファイルの呼び出し

① 保存したファイルを開く時は，「ファイル」「開く」。

②「コンピュータ」「参照」を選択すると，「ファイルを開く」ダイアログボックスが表示される。

③ ファイルを保存した場所を選択し，保存されているファイル名一覧から開きたいファイルを選択し，「開く」。

(5) Word の終了

タイトルバーの右上にある⊠（閉じる）ボタンをクリックし，Word を終了する。

問題 2.1 自己紹介の文章を作成し，ファイル名を付けて適切なフォルダに保存しなさい。

2.3 編集の基本操作

入力済の文章の内容を編集する作業として，「削除・挿入・移動・コピー」がある。

(1) 編集記号の表示／非表示

「ホーム」タブの「段落」グループの「編集記号の表示／非表示」ボタン をクリックすると，改行マーク（Enter キー）や空白（□）などの編集記号が表示される。

(2) 入力済文章の訂正

- 文字列の挿入…文章中に文字を入力すると，以降の文字は字送りされる。
- 空白行の挿入…行と行の間を空けたい場合，Enter キーを押し改行マークを挿入。
- 文字列の削除…文章中の文字列を削除すると，以降の文字列は行詰めされる。
- 空白行の削除…文章中の改行マークを削除すると，以降の文字列は行詰めされる。
- 行戻し…改行マークと空白の削除。
- 改行…改行マークと空白の挿入。

(3) 範囲指定

複数の文字や段落ごとに文字を削除やコピーする時は，はじめに対象となる範囲を選択する必要がある。

- 文字単位…選択したい文字列の上をドラッグ（または，Shift＋←・→）。
- 行単位…1行分指定する時は，行の左側の部分（選択領域）をクリック（複数行選択する時には選択領域をドラッグ）。
- 同種の文字列の選択…文字列の中でダブルクリック。

- 段落単位…選択したい段落の選択領域をダブルクリック。
- 文書全体…選択領域で，素早く3回クリック。
- 語句の置き換え…ある語句を削除し，別の語句に置き換えたい時は，元の文字列を範囲指定してから新しい文字列を入力すると，範囲指定した文字列が新しい文字列に置き換わる。

2.4 コピーと移動

　コピーと移動は編集の基本テクニックである。同じような語句を何度も入力したり，入力した文字列を別の位置に配置したりする時は，コピーと移動を使う。

(1) ドラッグ&ドロップによる移動／コピー
① 移動したい文字列を選択し，選択範囲をドラッグする。
　※ CTRL キーを押しながらドラッグするとコピーになる。
② 移動先／コピー先でマウスを放す。

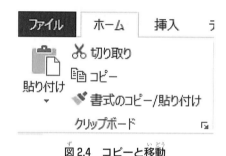

図 2.4　コピーと移動

(2)「コピー／切り取り&貼り付け」による移動とコピー
① コピー／移動したい文字列を範囲指定し，「ホーム」タブの「クリップボード」グループから「コピー」ボタンを押す（移動の時は「切り取り」ボタン）。
　※コピー／切り取りされた文字列は，一時的にクリップボードの中に保存される。
② コピー／移動先をクリックし，「ホーム」タブの「クリップボード」グループから「貼り付け」ボタンを押す。
③ カーソルの位置にコピー／切り取りした文字列が貼り付けられる。

問題 2.2 次の文を，コピー機能を使って効率的に入力しなさい。
　　　かえるピョコピョコ三ピョコピョコ合わせてピョコピョコ六ピョコピョコ。
　　　誰かさんが、誰かさんが、誰かさんが見つけた。小さい秋、小さい秋、小さい秋見つけた。

2.5 文字飾り

(1) フォントグループ

入力した文章に文字飾りを設定するには，「ホーム」タブの「フォント」グループを使う。書式を変更したい文字列を選択し，「ホーム」タブのボタンで変更する。B（太字）ボタンをクリックすると太字に設定できる。I（斜体），U（下線）も同様に設定できる。「フォントサイズ」や「フォントの色」，「網掛け」，「囲み線」，「取り消し線」，「下付き」，「上付き」などのボタンを使って文字飾りを付ける。また，フォントグループの右下のボタンをクリックすると，「フォントダイアログボックス」が表示される。「フォントダイアログボックス」では「フォント」グループにない文字飾りを設定できる。

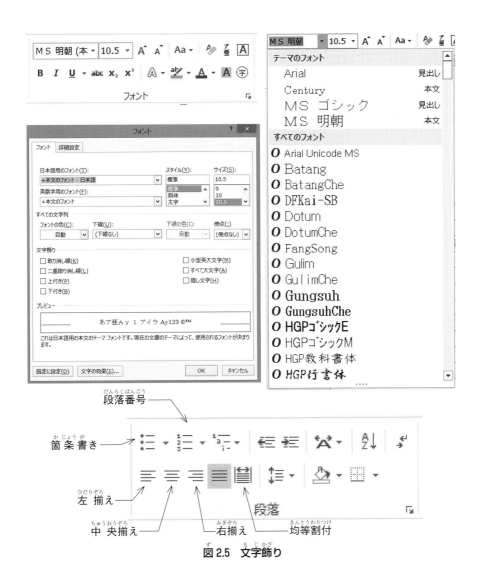

図 2.5　文字飾り

(2) 文字列の配置

段落に対しての設定は，「段落」グループのボタンを使う。例えば，指定した段落の文字列を「中央揃え（センタリング）」にしたり，「右揃え」にしたりする。また「箇条書き」や「段落番号」の設定もできる。

(3) 均等割付

あらかじめ指定した範囲に文字列を均等に配置する機能を「均等割付」という。
① 均等割付したい文字列「パソコン」を範囲指定し，「均等割付」ボタンをクリックする。
② 「文字の均等割付」画面が表示されたら，「新しい文字列の幅」を「6字」に設定する。この例では一番長い文字列の6文字幅に均等割付している。

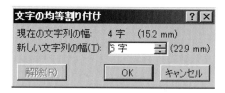

図2.6 均等割付

(4) インデント

インデントとは，指定した段落の行長を短くする機能である。「ホーム」タブの「段落」グループの「インデントを減らす」や「インデントを増やす」ボタンを使って設定する。また，ルーラーのインデントマーカーを使っても設定できる。

図2.7 インデントマーカー

2.6 ページレイアウト

用紙の大きさや1行の文字数，1ページの行数などを設定することを「書式設定」という。

① 「ページレイアウト」タブから「ページ設定」グループで，文字列の方向，余白，印刷の向き，用紙サイズなどについて設定できる。
② 右下のダイアログボックス表示ボタンをクリックすると，「ページ設定」ダイアログボックスが表示され，ページ設定に関する指定を一覧することができる。
③ 「文字数と行数」タブで「文字数と行数を指定する」を選択すると，文字数や行数を自由に設定できる。

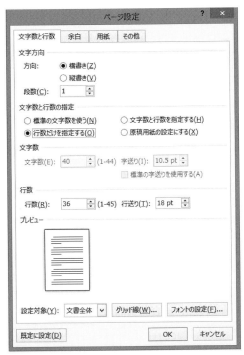

図2.8 ページ設定

2.7 置換

文書内の特定の文字列を別の文字列に置き換える時に使用すると便利なのが「置換」機能である。
① 「ホーム」タブから「編集」グループの「置換」。
② 「検索と置換」ダイアログボックスが表示される（図 2.9）。
③ 「検索する文字列」に置き換え前の文字列を入力。
④ 「置換後の文字列」に置き換え後の文字列を入力して「置換」ボタンをクリックする。

図 2.9　検索と置換

2.8 イラストの挿入（クリップアート）

文章にイラストを挿入して，表現力豊かな文書にする。
① 「挿入」タブの「図」グループから「オンライン画像」を選択する。

図 2.10　「図」グループ

② オンライン上のクリップアートにアクセスするため，挿入したいイラストのキーワードを入力する。
③ 表示されたイラストをクリックして「挿入」。

④ イラストの周囲の文字の配置を変更したい場合は,「レイアウトオプション」から変更する（または「図ツール」の書式タブから「文字列の折り返し」で変更する）。

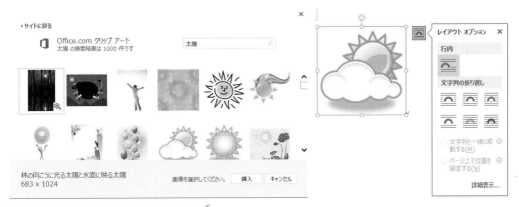

図 2.11　クリップアート

⑤ イラストを選択している時は,「図ツール」の「書式」タブが表示されるので, イラストに対する編集が可能である。

図 2.12　「図」ツールの「書式」タブ

2.9　ワードアート

ワードアートは, 特殊効果文字を作成する機能である。
① 「挿入」タブから「ワードアート」を選択し, 好きなスタイルを選ぶ。
② 「ここに文字を入力」画面が表示されるので,「暑中お見舞い申し上げます」と入力する。
③ ワードアートが選択されていると,「描画ツール」が表示されるので,「書式」タブから「ワードアートのスタイル」で細かい設定ができる。

図 2.13　ワードアートの設定

問題 2.3　ページレイアウトで用紙サイズ「はがき」，印刷の向き「横」，上下左右の余白 10 mm に設定しなさい。ワードアート，クリップアート，テキストボックスを使って暑中見舞いを作成し，「暑中見舞い」とファイル名を付けて保存しなさい。

図 2.14　暑中見舞いの完成例

2.10　表の作成

作表のための線のことを罫線という。表は，行と列で構成される。表の中の 1 つ 1 つの枠を「セル」といい，横方向を「行」，縦方向を「列」という。

課題　次の表を効率的に作成し，「罫線 1」とファイル名を付けて保存しなさい。

クラス	人数	担任	担当科目
1 組	35 名	青木 時雄	国語
2 組	36 名	柿沼 理恵	英語
3 組	32 名	肥後 恵子	数学

(1) 表の挿入

「挿入」タブから「表」をクリックし，挿入したい行数・列数だけドラッグする（4行×4列）。

図2.15　表の挿入

(2) 行挿入・行削除／列挿入・列削除

挿入したい行を右クリックし，ショートカットメニューから「挿入」を選択する。削除したい場合は，「行／列／セルの削除」を選択する。

(3) 表内にデータを入力する。

セル間のカーソル移動は TAB キーを使うと効率がよい。
（表内でのキー操作）
　　TAB：セル間での移動（右へ）
　　Shift + TAB：左へ
　　Enter：セル内で改行

※ タブ（TAB）とは，文字の配置を整える機能である。一定の間隔でカーソルを飛ばしたい時に利用すると便利である。

(4) 列幅変更

表の列幅を変更するには，列幅を変えたい列の右側の縦罫線にマウスポインタを合わせ，ドラッグする（ダブルクリックすると列幅が適正値となる）。

(5) 罫線の種類を変更する

表をクリックすると，「表ツール」の「デザイン」「レイアウト」のタブが表示される。罫

線の種類を変更するには，「表ツール」の「デザイン」タブから罫線の種類や太さ，ペンの色を選択する。

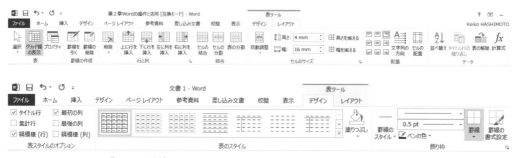

図2.16 「表」ツールの「レイアウト」タブと「デザイン」タブ

課題 ① 外枠の線の太さを2.25ptにするには，表全体を選択し，「表ツール」の「デザイン」タブから罫線の太さを変更し，「罫線」ボタンから「外枠」を選択する。
② 表の1行目（項目名）全体を範囲指定したら，「塗りつぶし」ボタンで任意の色を選択する（「罫線」「線種とページ罫線と網掛け」でも設定ができる）。

(6) セルの結合
① セルを結合したい部分を範囲指定する。
② 「表ツール」の「レイアウト」タブから「セルの結合」を選択する。

問題2.4 次の表を作成し，「罫線2」とファイル名を付け保存しなさい。

フリガナ			住 所	〒			
氏　　名							
TEL							
性　　別	男・女	生年月日		年	月	日（ 歳）	
備　　考							

2.11 図形の作成

Wordには図形を描く機能がある。直線や四角形，円などの図形を組み合わせて地図を作成してみよう。「挿入」タブから「図形」を選択すると，登録されている様々な図形が表示される。

(1) 地図の作成

図形を組み合わせて，次のような地図を作成する。

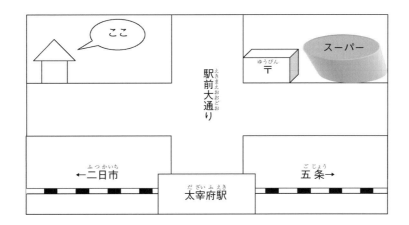

① 描きたい図形を選択しドラッグすると，好きな大きさで図形を描くことができる（正円や正四角形は Shift ＋ドラッグする）。また，作成した図形を選択すると，「描画ツール」が表示されるので，図形に対する編集は「描画ツール」の「書式」から行う。
② 道路と線路は直線を使う。
③ 線路は，黒い直線を作成後，線の太さを 6 pt にする。もう 1 本コピーして線の太さを 4.5 pt，白色，点線に変更したら，6 pt の黒の直線の上に白の点線を移動し，グループ化する。グループ化の方法は，グループ化したい図形を選択の上 Shift を押しながら図形をクリックする），右クリック，「グループ化」。
④ 太宰府駅…テキストボックス
⑤ 郵便局…基本図形の直方体。直方体の中に文字を入力するには，図形を右クリックして「テキストの追加」。
⑥ 家…四角形，三角形，吹き出しを使って目印を入力。
⑦ 二日市，五条…テキストボックス，線なし，塗りつぶしなし。

図 2.17　図形の挿入と「図形」ツール

2.12 ヘッダーとフッター

ヘッダーは本文の上部余白に，フッターは本文の下部余白にページ番号やファイル名，日付などを表示する機能である。

① 「挿入」タブから「ヘッダーとフッター」グループの「ヘッダー」から「ヘッダーの編集」を選択すると，自由にヘッダーを設定できる。
② 「フッターに移動」で下部余白に移動するので，ページ番号を挿入する。
③ 設定が終わったら「ヘッダーとフッターを閉じる」ボタンで本文に戻る。

図 2.18　ヘッダー／フッターツール

2.13 印刷

作成した文書を印刷するには，「ファイル」タブから「印刷」を選択し，必要に応じて印刷の設定を行った後，「印刷」ボタンをクリックする。

図 2.19　印刷画面

問題 2.5 あなたの住んでいる地域の観光名所への行き方を地図にしなさい。ヘッダーには学科・学年・学籍番号・氏名を入力し，Ａ４用紙１枚に印刷しなさい。

2.14 ビジネス文書の基本フォーマット

ビジネス文書は，社外文書と社内文書に大別することができる。ここでは，形式や礼儀を重んじて作成しなければならない「社外文書」について，その基本的構成を確認する。

```
┌─────────────────────────────────┐
│ ↑       　　　　　　　　　　　① 発信番号 │
│ 前                      　　　② 発信年月日│
│ 付  ③ 受信者名                            │
│ ↓                       　　　④ 発信者名 │
├─────────────────────────────────┤
│         ⑤ 標　　題                        │
│ ↑  ⑥ 前　文                              │
│ 本  ⑦ 主　文                              │
│ 文  ⑧ 末　文                              │
│ ↓                              　　結 語 │
├─────────────────────────────────┤
│              記                           │
│ ↑                                         │
│ 別  ⑨ 別記事項                            │
│ 記                                         │
│ ↓                              　　以 上 │
├─────────────────────────────────┤
│ 副                                         │
│ 文  ⑩ 副文                                │
└─────────────────────────────────┘
```

(1) 発信番号
　発信側で文書を整理するために付ける通し番号のことで，右寄せを行う。文書の内容によっては省略されることもあるが，文書管理面から見た場合，付けることが望ましいといえる。

(2) 発信年月日
　文書を作成した日付ではなく，文書を発信する日付を用い，発信番号の下に並べて配置する。年号は原則として元号（平成）を用いるが，最近では西暦（20××）を使う企業も増えている。

(3) 受信者名
　社名や役職名などが複数行にわたる場合には，それぞれの頭の字下げを工夫して体裁よく配置する。また，敬称の使い方にも十分注意する必要がある。

- 敬称の使い分け

	特定の相手	不特定の相手
受信者が団体の場合	御中	各位
受信者が個人の場合	様／殿	

(4) 発信者名

発信番号や発信年月日と同様に右寄せを行い，バランスよく配置する。なお，社内文書の場合には，社名は必要ない。

(5) 標題，タイトル

一般に，拡大文字やアンダーラインなどを用いて強調した上で，センタリング（中央揃え）を行う。

(6) 前文

前文は「頭語＋時候の挨拶＋安否（＋感謝）」で構成される。特に，頭語と結語の関係については，正確に把握しておく必要がある。

① 頭語と結語

発信用	一般的な場合	拝啓―敬具
	丁寧な場合	謹啓―敬白
	前文省略の場合	前略―草々
	急を要する場合	急白（または急啓）―敬具
返信用	一般的な場合	拝復―敬具

② 時候の挨拶

時候の挨拶とは，季節や天候に応じた心情や季節感を表す言葉で，「頭語」の後に続く礼儀文である（季節を問わず年中使える時候の挨拶に「時下」がある）。

1月	厳寒の候，厳冬の候	7月	盛夏の候，酷暑の候
2月	余寒の候，立春の候	8月	残暑の候，晩夏の候
3月	早春の候，春寒の候	9月	初秋の候，新秋の候
4月	春暖の候，陽春の候	10月	秋冷の候，仲秋の候
5月	新緑の候，若葉の候	11月	晩秋の候，落葉の候
6月	梅雨の候，初夏の候	12月	初冬の候，師走の候

③安否

団体	貴社 御社	ますます	ご隆盛 ご隆昌 ご清栄	のこと の由	お喜び申し上げます。 何よりと存じます。 拝察申し上げます。
個人	貴下 貴殿	いよいよ	ご清栄 ご清祥 ご健勝		

※「ご清栄」は，団体と個人の両方に使える。

④感謝

平素は 日頃は	格別の 何かと	ご愛顧 ご厚情 ご用命 ご高配 ご支援 ご指導	を賜り にあずかり をいただき	厚くお礼を申し上げます。 深く感謝を致します。 誠にありがとうございます。

(7) 別記事項

伝達事項が複数になる場合や，別に記した方がわかりやすい場合には，別記で箇条書きにする。別記は，各項目の頭を揃えて作成することが大事である。「記」の文字は，センタリングを行い中央に配置する。

(8) 副文

本文で書きもらしたことや補足したいことがある場合に，「追伸」として追記する。なお，文頭に※や◎などの記号を用いる場合もある。

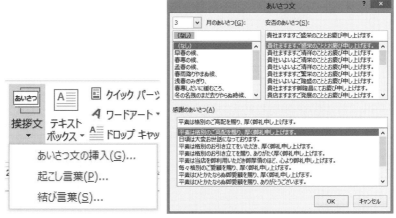

図2.20 挨拶文の挿入

章末問題

2.1 次の文書を作成し,「演習問題1」とファイル名を付けて保存しなさい。

平成〇〇年4月15日

〇〇大学

　福岡　太郎　様

〇〇大学

九州　花子

新入生歓迎会のお知らせ

拝啓　春暖の候、ますますご健勝のこととお喜び申し上げます。平素は格別のお引き立てを賜り厚く御礼申し上げます。

　さて、このたび恒例の新入生歓迎会を下記の通り開催いたします。

　つきましては、ご多用中とは存じますが、ご出席下さいますようご案内申し上げます。

敬具

記

1. 日　　時　　5月15日（日）　18:00〜20:00
2. 場　　所　　Cafe 天神
3. 会　　費　　3,000円
4. 出欠確認　　同封のはがきを4月末日迄にご返信下さい。

以上

- -

　　　　　　プレゼント抽選券
　　　　　　　　No.132

2.2 表の挿入機能を使って,自分の時間割を作成し,「演習問題2」とファイル名を付けて保存しなさい。

第3章
Excel の操作と活用

　本章では，Microsoft 社の表計算ソフト Excel を利用して，表計算ソフトの基本的な操作から集計表やグラフ作成などの利用について学習することを目的とする。Excel は，表計算ソフトとして企業等で現在最もよく利用されている。数値の計算を電卓の利用から表計算ソフトに置き換えることで，集計に必要な計算だけではなく，より複雑な計算処理や集計・分析・グラフ作成など，数値の処理に必要となる多くの機能へ広げていくことが可能となる。

第 3 章　Excel 的操作与应用

　本章利用微软公司的表格处理软件 Excel 学习从表格处理软件的基本操作到制作总表及图表。目前，Excel 是企业等最为广泛使用的表格处理软件。计算数值从使用计算器到使用表格处理软件，不仅是汇总所需的计算，连更加复杂的计算、汇总、分析、制作总表等需要进行数值处理的多项功能都成为可能。

제 3 장　엑셀의 조작과 활용

　본 장(章)에서는 마이크로소프트 사의 표 계산 소프트 엑셀을 이용하여 표 계산 소프트의 기본적인 조작에서 집계표나 그래프 작성 등의 이용에 관하여 학습하는 것을 목표로 한다. 엑셀의 표 계산 소프트로써 기업 등에서 현재 가장 자주 이용되고 있다. 수치의 계산을 계산기의 이용에서 표 계산 소프트로 바꾸는 것으로 집계에 필요한 계산만이 아니라 보다 복잡한 계산 처리나 집계·분석·그래프 작성 등 수치 처리에 필요하게 된 많은 기능으로 넓혀 가는 것이 가능하게 된다.

Chapter 3　Operations and Using of Excel

　This chapter is designated to study elementary operation or drawing up graph using Excel, or spreadsheet software. Excel is the most commonly used software as spreadsheet software. By replacing using desk calculator with spreadsheet software as numerical calculation, we will be able to develop to function needed to process numerical number, for example not only calculating needed to aggregate, but also complicated calculating process or aggregating, analyzing or drawing up graph.

3.1 Excel（表計算ソフト）の機能

表計算ソフトは，基本は集計のために入力を行う集計票をパソコン上で作成するもので，計算や作表，グラフの作成をはじめ多くの機能を持つ。

Excel の機能は次の5つに大別される。

(1) 表計算機能

数値データ，計算式を入力し，計算機能を持つ表を作成する。集計業務，成績処理，給与計算，科学技術計算，売り上げ予測や財務シミュレーションなど，幅広い用途で利用できる。

(2) グラフ機能

作成した表をもとにグラフを作成する。グラフ化することにより，数字だけの表ではわかりにくかったデータの傾向が一目でわかり，視覚的に捉えることができる。

(3) データベース機能

表をリスト形式で作成することで値の検索や分類，抽出をする機能である。住所録や顧客データなど，情報を体系的に管理し，活用できる。

(4) マクロ機能

簡易言語によってプログラムを作成し，自動実行する機能である。手順の決まった処理を繰り返す時など，マクロ化することにより作業の効率化が図れる。また，マクロにより独自のメニューを作成し，アプリケーション感覚で作業を行うことができる。

(5) データ分析

表に入力したデータを様々な視点から分析できる。

Excel の全機能を授業において学習することは困難である。Excel を使いこなすには，徹底的に使っていくことが必要になる。使い方がわからない時には，マニュアルやインターネットなどを用いて検索することで，新しい機能を学習することが望ましい。

3.2 Excel の基本操作

Excel の基本操作では，マウスの右クリック，左クリック，ドラッグなどのマウスの操作を確実に行うことがとても大切である。不安定なマウス操作が原因で指示通りにならないことが多い。

画面上のマウスポインタは場所によりその形を変化させることで，特定の機能に対応する操作の段階を示すので注意する（図 3.1）。

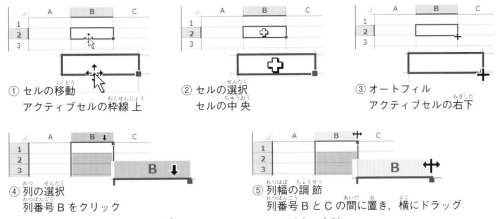

図 3.1　マウスポインタの変化と機能

(1) Excel の起動と初期画面

　Excel を起動するには，[スタート] メニュー（図 3.2）の [Excel] タイルをクリックする。もしくは画面左下の（↓）ボタンを押し，アプリビュー（図 3.3）より Excel をクリックすることで起動する（この方法はパソコンにインストールされているアプリのタイルがスタート画面で見つからない場合に有効であるので覚えておくとよい）。

図 3.2　Windows のスタート画面

図 3.3　アプリビュー

　Excel タイルをクリックすると，スタート画面からデスクトップ画面と呼ばれる画面に切り替わり，Excel 2013 が起動し（図 3.4），タスクバーに Excel 2013 のボタンが表示される。
　Excel が起動するとスタート画面（図 3.5）が表示される。この画面で左上の「空白のブック」をクリックすると，Excel の基本画面が表示される。

図 3.4　Excel 2013 の起動時画面

図 3.5　Excel のスタート画面

(2) Excel の基本画面

　Excel の基本画面の各部の名称を学ぶことは，マニュアルなどを読み，Excel の操作を理解するための基礎知識として重要である。授業中の説明でも使われるため，指示された内容を正しく行う基本としてしっかり理解する。新規に作成された「空白のブック」の基本画面について説明する（図 3.6）。

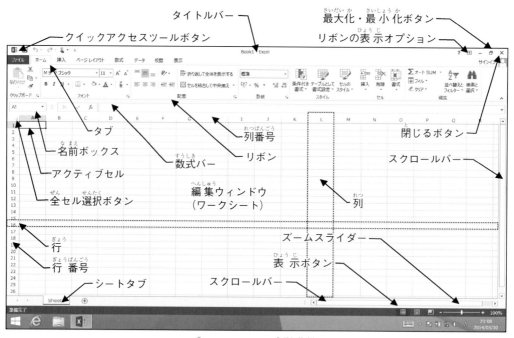

図 3.6　Excel の基本画面

- クイックアクセスツールボタン：［保存］，［元に戻す］など，よく使う機能を表示する。
- タイトルバー：編集中のワークシートのファイル名と，使用中のソフト名を表示する。
Excel のアプリケーションウィンドウを移動する際にはここにマウスカーソルを置いて，ドラッグする。

- リボンの表示オプション：リボンの表示を切り替える。
- 最大化・最小化ボタン：アプリケーションウィンドウの最大化，最小化を切り替える。
- 閉じるボタン：Excel を終了する。
- タブ：作業に必要なメニューを切り替える。タブの切り替えでリボンが変わる。リボンは機能別にまとめたグループの中にコマンド（ボタン）が入る。
- リボン：作業に必要なコマンドを表示する。
- 数式バー：アクティブセル内の数式の記述を表示する。この枠内で数式の修正・変更もできる。
- 編集ウィンドウ（ワークシート）：集計表の編集エリア。
- 全セル選択ボタン：全セルの選択を行う。
- 名前ボックス：シートに名前を付け名前ボックスから呼び出す。
- 列番号・行番号：行と列のそれぞれの番号。
- アクティブセル（セル）：現在選択されているセルの表示で，太い枠で囲まれる。
- スクロールバー：ワークシート内を移動するために使用する。
- シートタブ：Excel は複数のシートを持つ。シート名はダブルクリックして編集可能である。シートの右の（+）を押すと，追加のシートが作成される。
- ズームスライダー：集計表の拡大・縮小表示を調節する。

Excel のワークシートは縦と横に並ぶセルと呼ばれるマス目により構成される。横の並びを「行」，縦の並びを「列」と呼ぶ。ワークシート全体では 1,048,576 行 × 16,384 列あり，膨大なデータを扱うことができる。

(3) ファイルの保存と Excel の終了

Excel ファイルの保存は「ファイル」メニューをクリックし（図3.7），［保存］をクリックすると，Excel の保存のためのバックステージビューが開く（図3.8）。左のメニューから「名前を付けて保存」を押すと「名前を付けて保存」の画面が開く（図3.9）。この画面で保存先とファイル名を設定する。ここでは保存先を「ドキュメント　ライブラリ」へ「サンプル」という名前で保存する方法を示す。「名前を付けて保存」の画面右下の「参照」を押すと，保存場所（ディレクトリ）とファイル名の設定ができる（図3.10）。ここで保存先を左のメニューより「ライブラリ　ドキュメント」をクリックし，ファイル名に「サンプル」と入力し，「ファイルの種類」を「Excel ブック」に設定し，「OK」を押すと保存が完了する。

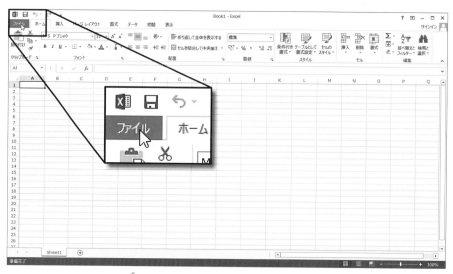

図 3.7　ファイルメニュータブをクリック

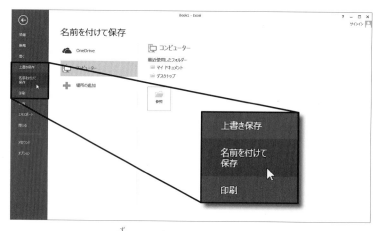

図 3.8　バックステージビュー

図 3.9　「名前を付けて保存」の画面

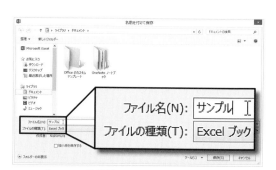

図 3.10　保存先とファイル名の設定画面

ファイルの保存には「上書き保存」と「名前を付けて保存」がある。「上書き保存」はすでに存在するファイルの内容が，作業しているファイル内容に置き換わる。「名前を付けて保存」は，今回の作業内容に別の名前を付け，別ファイルとして保存することになる。

Excel の保存の形式には，Excel ブック形式のほか，csv と呼ばれるカンマ区切りを用いる形式などの種類があり，それぞれに異なる拡張子を持つ。例えば，Excel ブック形式は .xlsx，CSV 形式は .csv となる。「保存」終了後，Excel の基本画面（図 3.6）の右上の「閉じるボタン」をクリックし，Excel を終了する。

「保存」をせずに終了する場合は，単に「閉じるボタン」を押し，Excel を終了する。図 3.11 のメッセージダイアログボックスが表示され，保存する必要がない場合は「保存しない」をクリックする。

図 3.11 終了時メッセージ

問題 3.1 Excel の基本画面（図 3.6）の名称について，確認しなさい。

問題 3.2 図 3.6 の画面の各部分はそれぞれどのような機能を持つか，説明しなさい。

問題 3.3 Excel ファイルの保存形式にはどのようなものがあるか調べ，答えなさい。

3.3 Excel のデータ入力

Excel の新規ファイルを開く。ここでは Excel でのデータ入力や編集などの作業に必要な操作について学ぶ。

(1) Excel ブック，シート，行，列，セルの構成

Excel の基本画面（ワークシート）のマス目はセルと呼ばれる。セルには文字，数値，数式などが入力できる。セルの横の並びを「行」，縦の並びを「列」と呼ぶ。行番号は数字で，列番号はアルファベットで表される。この行番号と列番号を使い，セルの位置（セル番地）が表される（図 3.12）。

「A1」と入力されたセルはA1番地となり，アクティブセルはA2番地となる。①，②，③はそれぞれどのようなセル番地で示されるだろうか（①は「A3」，②は「B2」，③は「C1」となる）。このようなセル番地での表記はこの後も使っていく。

(2) セルの文字・数値入力

セルに文字や数値を入力するには，入力したいセルをアクティブにする。入力の途中で誤りがあった場合は，Backspaceキーで削除し，修正する。セルへの入力は，数値や数式を入力する時は直接入力を用いる。数値データは入力すると自動的に半角右寄せになる。文字列として日本語を入力する時は，あらかじめ日本語入力システムをONにする必要がある。

「セルA1」に「1234」，「セルA2」に「ABCD」，「セルA3」に「日本語学科」と入力する（図3.13）。「セルA1」，「セルA2」の入力は直接入力でも可能であるが，「セルA3」の入力の前に日本語入力システムをONにする。日本語入力ではワープロの時と同じように入力後に変換し，確定する必要がある。

図3.13 Excelの入力

(3) セルの数式入力

Excelの特徴はセルの中に数式（計算式）が入力できることである。図3.14のように「セルA1」には500，「セルA2」には300と入力する。「セルB1」に「＝500＋300」と入力し，Enterキーを押すと「セルB1」には「800」が表示される。これは，「セルB1」は500＋300と同じものである，という記述方法になる（入力手順は「セルA1」をクリック，「500」と入力，「セルA2」をクリック，「300」と入力，「セルB1」をクリック，「＝500＋300」と入力し，Enterキーを押す。「セルB1」に「800」と表記される）。

さらに，ExcelではJ定されたセルを用いて計算をさせる方法がある。「セルB2」に「＝

A 1+A 2」と入力し，Enterキーを押すと「セルB 2」には「800」と表示される（図3.15）。

「セルB 2」の入力手順は「セルB 2」をクリック，「＝」を入力し，「セルA 1」をクリックすると「セルB 2」は「＝ A 1」となる。さらに「＋」を入力し，「セルA 2」をクリックすると図3.15のように「＝ A 1+A 2」と入力され，Enterキーを押すと「セルB 2」に「800」と表示される。

	A	B
1	500	=500+300
2	300	

図3.14　計算式の直接入力

	A	B
1	500	800
2	300	=A1+A2

図3.15　セル番地を使った計算式

(4)　セルの自動再計算機能

Excelのセルを使った計算では，計算に利用されたセルの値が修正されると，自動的にその値による計算結果の再計算がなされる。今使っている表の「セルA 2」をクリックして「600」と入力し，Enterキーを押すと，「セルB 2」は自動的に「1100」となる（図3.16）。

数式にセル番地を用いることで，計算に使われているセルの値が修正されると自動的に結果も修正されるのは，自動再計算機能によるものである。

	A	B	
1	500	800	←変わらない
2	600	1100	←自動再計算機能

図3.16　セルの自動再計算

(5)　セルの演算について

セルの四則演算（＋，－，×，÷）では，乗算は「＊」を，除算には「/」を用いる。「セルA 1」に500，「セルA 2」には200を入力し，「セルB 1」～「セルB 4」へそれぞれ文字列として，加算，減算，乗算，除算と入力し，「セルC 1」～「セルC 4」にそれぞれその結果を求める（図3.17）。それぞれのセルは，「セルC 1」は「＝ A 1 ＋ A 2」，「セルC 2」は「＝ A 1 － A 2」，「セルC 3」は「＝ A 1*A 2」，「セルC 4」は「＝ A 1/A 2」という記述になる。

	A	B	C
1	500	加算	700
2	200	減算	300
3		乗算	100000
4		除算	2.5

図3.17　セルの自動再計算（四則演算）

問題3.4 下図のようにデータを入力し,「商品計」を「セルB4」にセルを利用した計算式により求めなさい。

	A	B
1	ノート	250
2	教科書	5000
3	ハンカチ	600
4	商品計	
5	消費税	
6	合計	

問題3.5 「消費税」の値を,「セルB5」にセルを利用した計算式により求めなさい。

問題3.6 「商品計」と「消費税」を足した「合計」を,「セルB6」にセルを利用した計算式により求めなさい。

問題3.7 ノートの価格を500に変更し,自動再計算が正しく機能していることを確認しなさい。

問題3.8 作成したファイルを「問題3.8」という名前で,保存しなさい。

3.4 集計ファイルの作成

Excelで集計用ファイルを入力,作成する。便利な入力方法や,行や列の操作,関数の基本について学ぶ。

(1) 集計ファイルの作成

次の生徒の試験の成績を入力する。ただし,入力内容にふりがなは必要ない。

	A 氏名	B 国語	C 英語	D 数学	E 理科	F 社会
1	氏名	国語	英語	数学	理科	社会
2	秋山よしえ	65	56	75	67	80
3	井上一馬	70	58	60	65	67
4	伊藤信吾	55	48	66	75	50
5	江藤和子	62	67	70	80	65
6	大木和也	80	80	90	78	80
7	加藤義孝	50	88	90	72	50
8	木下望	46	83	60	68	64
9	黒木啓介	88	76	70	80	68
10	佐藤良子	90	71	52	92	80

(2) セルの編集（セルの移動，列の挿入）

一番初めの列に，出席番号を挿入する列を作る方法について説明する。ここでは2つの方法がある。入力されたデータエリア全体を1つ右の列へ移す方法と，一番左に列を1つ挿入する方法である。

セルの選択は1つのセルの選択，複数セルの選択（範囲選択），離れたセルの選択，行の選択，列の選択などがある。1つのセルの選択はそのセルをクリックする。複数セルの選択には，起点となるセルから，終点となるセルまでを，マウスでドラッグする方法（図3.18）と，起点となるセルをクリックし，終点となるセルをShiftキーを押しながらクリックする方法（図3.19）の2通りがある。

実際の操作では「セルA1」～「セルC7」までを選択するために，「セルA1」でマウスの左ボタンを押し，そのままドラッグして「セルC7」までマウスポインタを移動して離す。または「セルA1」でクリックし，「セルC7」へマウスポインタを移動し，Shiftキーを押しながら，「セルC7」をクリックする。これにより「セルA1」～「セルC7」が反転状態となり，選択された状態となる（図3.19）。

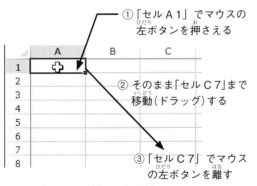

図3.18 複数セルの選択（ドラッグ）

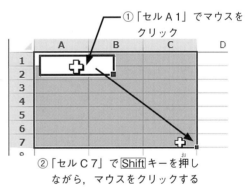

図3.19 複数セルの選択（範囲選択）

連続していない離れたセルを複数同時に選択するには，CTRLキー（コントロールキー）を押しながら，選択したいセルを順にクリックしていく。選択されたセルは反転して表示される（図3.20）。

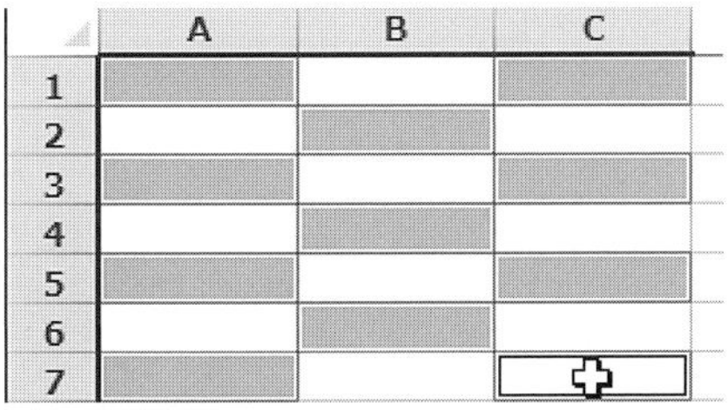

図3.20 連続しない複数セルの選択

セルの選択を自由に行うことはExcelの編集作業を行う基本となる。

「セルA1」の「氏名」と入力されたセルでマウスの左ボタンを押さえ，そのまま「セルF10」の80と入ったセルまでを選択する。選択した範囲の周囲は緑色の線で囲まれた反転部分ができる（図3.21）。この緑色の線上にマウスポインタを置くと，中抜き白十字から黒い十字に矢印へマウスポインタが変化する。この状態でマウスの左ボタンを押さえ，そのまま右に1セル分，移動する（図3.22）。移動先は緑の線で囲まれた部分で確認できる。また左下に移動先のセルが表示される。目的の位置への移動が完了するまで，絶対に左ボタンを離さないようにすることが大事である。

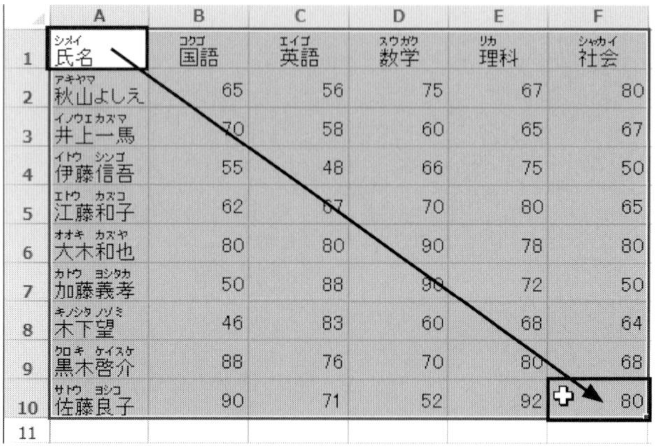

図 3.21　セルの選択

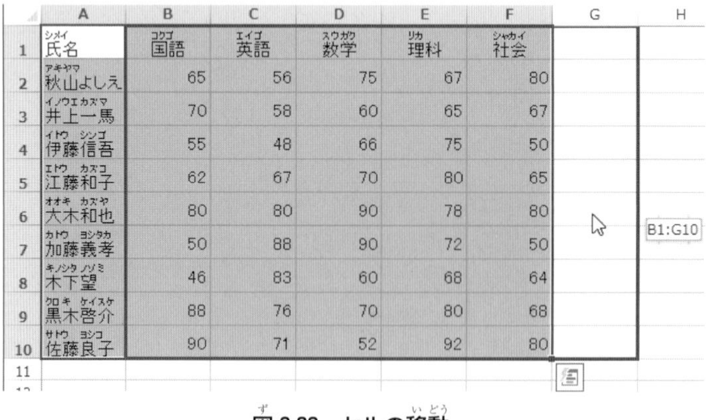

図 3.22　セルの移動

(3) 行・列の挿入

同じ結果を得る方法として，行・列の挿入を使う。今回の場合，入力部分の前にもう1列挿入する操作でも同じ結果となる。

A列の「列番号」の上で，マウスポインタが下向きの太い矢印に変わった状態でクリック

すると，A列が選択される。このまま，マウスの右ボタンを押し，メニューを表示させ，メニューより「挿入」をクリックすると列が挿入される（図3.23）。ただしExcelでは新しく挿入された列はA列となり列番号はスライドしていくので注意する。この操作は行でも同じように行える。選択した行・列と挿入される行・列との関係に注意する。行・列を追加するには挿入したい位置の次の行・列を選択する必要がある。また，「削除」を選ぶことで選択した行・列の削除を行う。

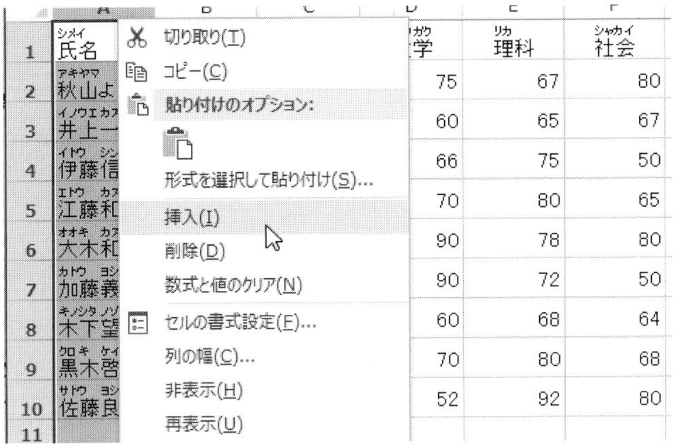

図 3.23 列の挿入

(4) セルの書式設定

　セルの書式は，文字列の縦方向の配置（上揃え，上下中央揃え，下揃え）と横方向の配置（左揃え，中央揃え，右揃え），文字色，セルの背景色が設定できる。これらの設定はセルを選択（アクティブセル）し，「リボン」の「ホーム」タブにある「フォント」グループや「配置」グループにあるそれぞれのコマンドボタンにより，変更ができる。

　セルの表示形式はアクティブセルにマウスポインタを置き，マウスの右ボタンにより「ホーム」タブの「数値」グループにある数値の書式設定より設定する。例えば「セルA1」に「1/2」と入力し，Enterキーを押すと，「1月2日」と表示される。これは書式の設定が自動的に「1/2」という入力を日付として認識するためである。次に「セルA1」をBackSpaceキーで削除して，「123」と入力しEnterキーを押すと，「5月2日」と表示される。これは「セルA2」が「1/2」と入力されたことで，このセルに日付の書式が設定されたため，セルの数値のスタイル設定がなされたことによる。変更するには，「リボン」の「数値」グループの「表示形式」よりメニューを開き，適切なものを選択する（図3.24）。

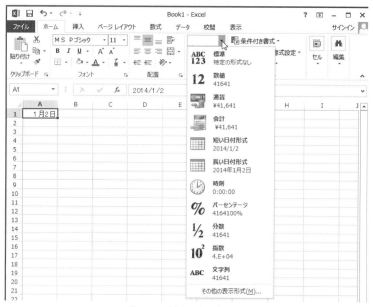

図 3.24　数値の書式設定

(5) セルの自動連番入力（オートフィル）

作成した列 A に「出席番号」を入力する。1〜10 までの出席番号を入力するが，Excel には「オートフィル」と呼ばれる連続データの入力方法があるので利用する。

「セル A1」には「出席番号」を入力する。「セル A2」には「1」，「セル A3」には「2」を入力する。マウスポインタで複数セルの選択を行う時と同じように，「セル A2」でマウスの左ボタンを押さえ，「セル A3」までドラッグしてこの 2 つのセルを範囲指定する。続いてマウスを「セル A3」の左下角の小さな四角の表示に合わせると黒い太十字に変化する。この状態で「セル A10」までドラッグする。ドラッグする際にマウスポインタ左下に小さく数字が表示されることを確認する（図 3.25）。

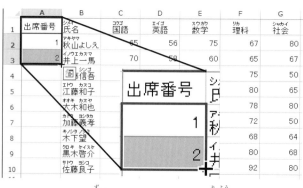

図 3.25　オートフィルの利用

(6) 罫線を表示する

作成された生徒の成績一覧に集計表らしく罫線を表示させる。罫線の表示は罫線を入れたい範囲を指定してリボンから罫線ボタンのメニューを開き，「格子」を選択する（図3.26）。次に全体を選択したまま，同じ作業で罫線メニューを開き「外枠太罫線」を選択する。最後に1行目の「セルA1」〜「セルG1」までを選択し，同じく罫線ボタンから「下二重罫線」を選択する（図3.27）。印刷の際に罫線を印刷する場合は，罫線の設定をしておく必要がある。

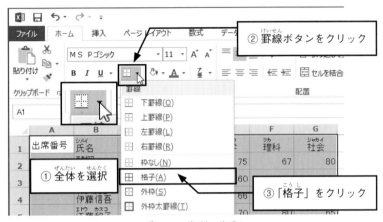

図 3.26 罫線の設定

	A	B	C	D	E	F	G
1	出席番号	氏名	国語	英語	数学	理科	社会
2	1	秋山よしえ	65	56	75	67	80
3	2	井上一馬	70	58	60	65	67
4		伊藤信吾	55	48	66	75	50
5		江藤和子	62	67	70	80	65
6		大木和也	80	80	90	78	80
7		加藤義孝	50	88	90	72	50
8		木下望	46	83	60	68	64
9		黒木啓介	88	76	70	80	68
10		佐藤良子	90	71	52	92	80

図 3.27 外枠太罫線，下二重罫線の設定

(7) 関数の利用

Excelのセルには文字列や数値，数式のほかに関数を利用できる。Excelには様々な演算を処理するための関数が用意されている。関数にどのようなものがあるかは，Excelの右上の「?」をクリックし，「Excelヘルプ」の検索ウィンドウに「Excel関数」と入力することで，アルファベット順や機能別の関数について知ることができる。

「セルC10」に国語の合計得点を求める。合計を求めるSUM関数を利用すると「= SUM

(C 2 :C 10)」という記述になる。これは＝SUM で「このセルの値は合計を求める」を意味し，(C 2 :C 10) は合計を求めるセルの範囲を指定する（図 3.28）。Enter キーを押すと計算結果が表示される。

また，この「セル C 11」をクリックして，左下角の黒四角へマウスポインタを移動し，黒い太十字に変化した状態でマウスの左ボタンを押さえ，「セル G 11」までオートフィルを使うと「セル D 11」〜「セル G 11」までにそれぞれの教科の合計得点が計算される。オートフィルを利用した場合，確認することが望ましい。例えば，「セル F 11」をクリックすると＝SUM（F 2 :F 10）が数式バー内に表示される。正しい範囲に関数を使用しているかを確認する。

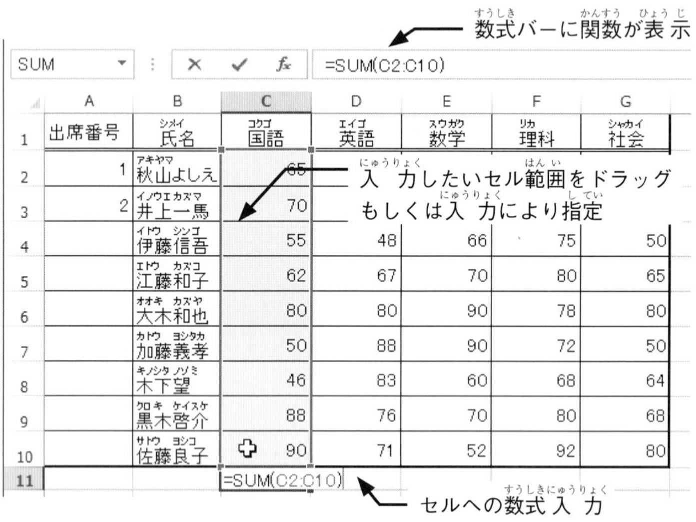

図 3.28 数式・関数の入力

問題 3.9 生徒成績のデータを使って，出席番号 6 番の加藤義孝と 7 番の木下望の間に行を挿入し，菊谷和美，国語 80 点，英語 75 点，数学 83 点，理科 78 点，社会 78 点を入力しなさい。

問題 3.10 菊谷さんを入れた状態で，出席番号をもう一度，付け直しなさい（オートフィル）。

問題 3.11 「セル H 1」に合計得点，「セル I 1」に平均点と入力し，出席番号 1〜10 番までのそれぞれの生徒の合計得点，平均点を求めなさい。平均を求める関数は「AVERAGE」を使うこと。

問題 3.12 新しく追加されたセル（合計得点，平均点）を含めて，罫線（下二重罫線，外枠太罫線）を設定しなさい。

問題 3.13 作成されたファイルを，「成績評価」という名前で保存しなさい。

3.5 Excelを使ったグラフの作成

　Excelを利用することで作成された集計表をもとに，グラフを作成することができる。グラフは数値の動きや値の比較を視覚的に伝達するのに有効である。Excelでは様々なグラフを作成できる。伝える目的を視覚化する点に置いて，グラフの種類の選択を検討する必要がある。

(1) グラフの作成

　前回作成した「成績評価」を開く。グラフ化する対象のエリアを設定するために，ワークシートの「セルB1」～「セルG11」を選択する（図3.29）。
　「挿入」タブをクリックし，グラフ化のためのコマンドを表示する。「コマンド」から「おすすめのグラフ」をクリックすると，「グラフの挿入」ダイアログにおすすめのグラフが表示される。左の候補の中から，作成したいグラフを選択して右下の「OK」ボタンを押す（図3.30）。グラフが作成され作業中のシートに挿入される。

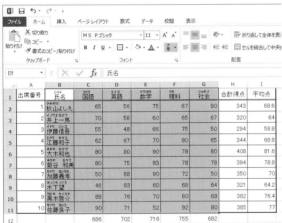

図3.29　グラフ作成のエリア選択と「おすすめグラフ」コマンド　　　図3.30　「グラフの挿入」ダイアログ

(2) グラフの編集

　グラフの編集はグラフエリアをマウスポインタでダブルクリックし，タブに「グラフツール」の「デザイン」，「書式」を表示させる。
　グラフの基本構成は，グラフ領域を選択する時，右側に表示される＋ボタンを押すことにより，グラフ要素の各項目が表示される（図3.31）。グラフ要素の各項目の上にマウスポインタを重ねると，各グラフ項目のグラフ上の変化を確認することができる。グラフ全体のレイアウトは「クイックレイアウト」コマンドからも選択できる（図3.31）。また，各グラフ項目はグラフ上の編集したい部分をダブルクリックすることで，それぞれの編集を行うための「グラフの書式設定」が基本画面の右側に表示され，編集が可能となる。

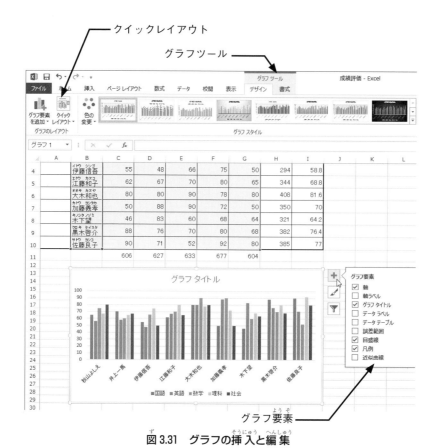

図 3.31　グラフの挿入と編集

問題 3.14 グラフタイトルを下にドラッグして移動して図 3.32 に示したグラフを作成し，「期末試験結果」というファイル名で保存しなさい。

問題 3.15 「表 3.1 ビジット・ジャパン事業 開始以降の訪日客数の推移（2003～2013年）」を入力し「訪日客数」というファイル名で保存しなさい。

問題 3.16 訪日客数の変化を，折れ線グラフで作成しなさい。

問題 3.17 訪日客数の最も多い国の折れ線上に，各年の訪問者数の数値を表示させなさい。

問題 3.18 凡例をグラフエリアの右端に表示させなさい。

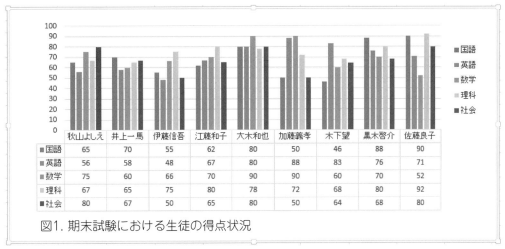

図 3.32 問題 3.14 の作成グラフ

表 3.1 ビジット・ジャパン事業開始以降の訪日客数の推移（2003〜2013 年）

	2003 年	2004 年	2005 年	2006 年	2007 年	2008 年	2009 年	2010 年	2011 年	2012 年	2013 年
インド	47,520	53,000	58,572	62,505	67,583	67,323	58,918	66,819	59,354	68,914	75,095
インドネシア	64,637	55,259	58,974	59,911	64,178	66,593	63,617	80,632	61,911	101,460	136,797
カナダ	126,065	142,091	150,012	157,438	165,993	168,307	152,756	153,303	101,299	135,355	152,766
シンガポール	76,896	90,001	94,161	115,870	151,860	167,894	145,224	180,960	111,354	142,201	189,280
タイ	80,022	104,864	120,238	125,704	167,481	191,881	177,541	214,881	144,969	260,640	453,642
ドイツ	93,571	106,297	118,429	115,337	125,193	126,207	110,692	124,360	80,772	108,898	121,776
フィリピン	137,584	154,588	139,572	95,530	89,532	82,177	71,485	77,377	63,099	85,037	108,351
フランス	85,179	95,894	110,822	117,785	137,787	147,580	141,251	151,011	95,438	130,412	154,892
ベトナム	17,094	19,056	22,138	25,637	31,909	34,794	34,221	41,862	41,048	55,156	84,469
マレーシア	65,369	72,445	78,173	85,627	100,890	105,663	89,509	114,519	81,516	130,183	176,521
ロシア	44,512	56,554	63,609	60,654	64,244	66,270	46,952	51,457	33,793	50,176	60,502
英国	200,543	215,704	221,535	216,476	221,945	206,564	181,460	184,045	140,099	173,994	191,798
韓国	1,459,333	1,588,472	1,747,171	2,117,325	2,600,694	2,382,397	1,586,772	2,439,816	1,658,073	2,042,775	2,456,165
香港	260,214	300,246	298,810	352,265	432,042	550,190	449,568	508,691	364,865	481,665	745,881
豪州	172,134	194,276	206,179	195,094	222,518	242,031	211,659	225,751	162,578	206,404	244,569
台湾	785,379	1,080,590	1,274,612	1,309,121	1,385,255	1,390,228	1,024,292	1,268,278	993,974	1,465,753	2,210,821
中国	448,782	616,009	652,820	811,675	942,439	1,000,416	1,006,085	1,412,875	1,043,246	1,425,100	1,314,437
米国	655,821	759,753	822,033	816,727	815,882	768,345	699,919	727,234	565,887	716,709	799,280
その他	391,070	432,806	490,066	493,396	559,544	585,975	537,737	587,304	415,477	577,273	686,862

出典： 日本政府観光局 (JNTO) (http://www.jnto.go.jp/jpn/reference/tourism_data/pdf/pdf/marketingdata_tourists_after_vj.pdf)
注： 2003〜2012 年の数値は確定値，2013 年の数値は暫定値である。

3.6 Excel を使った集計・分析の基礎

問題 3.15 で作成した集計表（ワークシート）では数値の変化を見るのは難しい。グラフという視覚化は，変化を表現するよい方法である。第 3.6 節では，手書きの集計表では大変な作業となるデータの並べ替えや特定の条件によるデータ抽出について，Excel の機能を学ぶ。

(1) シートの複製

Excel での作業ではシートを簡単に複製できる。データを利用した作業を行う時，元データとは別のファイルを作成して作業してもよいが，シートの複製を利用することもできる。

問題 3.15 において作成したファイル「訪日客数」を開く。「シートタブ」にマウスポインタを移動し，「右ボタン」をクリックするとシートの設定メニューが表示される（図 3.33）。「メニュー」から「移動またはコピー (M)」を選択する。「シートの移動またはコピー」のダイアログボックスが表示される（図 3.34）。

「末尾へ移動」をチェックして「コピーを作成する」チェックボックスをクリックし，チェックを入れて「OK」をクリックする。「Sheet 1」の後ろに「Sheet 1 (2)」が作成される。シートタブをクリックすることでシートを移動できる。「Sheet 1 (2)」のタブをダブルクリックするとシート名が編集できる。シート名を「作業用」と変更する。

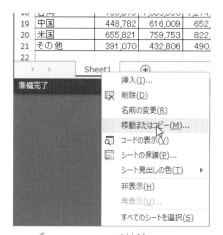

図 3.33 シートの編集メニュー

図 3.34 シートの移動またはコピーダイアログ

(2) データの並べ替え

「作業用」シートをクリックし，作業を行う。データの並べ替えは，対象となる範囲を選択し，並べ替える項目と並びを設定する。対象範囲の設定は「セル A 2」〜「セル L 21」が対象となる。並べ替えでは項目名を選択範囲に入れておく場合と，除く場合がある。「データ」タブをクリックし，「並べ替え」をクリックすると「並べ替え」のダイアログが表示される（図 3.35）。先頭行はデータの見出しとして使われるので，ダイアログ左上の「先頭行をデータの見出しとして使用する (H)」の前のチェックボックスをクリックしてチェックが入った状態を確認する。「最優先されるキー」のプルダウンメニューを見ると選択された範囲の先頭行が見出しとして表示される。プルダウンより「2013 年」を選択する。「順序」は人数の多い順に並べるので「降順」を選択する。「昇順」は数値では小さい方から大きい方へ，文字列ではあいうえお順となる。降順はこの逆を意味する。2013 年の訪日客数が大きい順に並べ替えられていることを確認する。

図 3.35 「並べ替え」ダイアログ

(3) フィルターの利用

特定の値や範囲にあるデータを取り出す方法として，フィルター機能がある。フィルターを適用したいデータエリアを選択する。「データ」タブをクリックし，「フィルター」コマンドを選択する（図 3.36）。選択された見出し行に「フィルターボタン」が表示される。「フィルターボタン」の矢印をクリックすると「昇順」，「降順」や「色で並べ替え」，「数値フィルター」などのメニューと数値の候補のリストが表示される（図 3.37）。特に「数値フィルター」は，特定の値以上のデータの抽出や特定の値以下のデータの抽出を行うためによく利用される。「数値フィルター」のメニューをクリックすると設定のためのダイアログが表示され（図 3.38），このダイアログで抽出の基準となる値や条件を設定する。例えば，2005 年の「フィルターボタン」より「数値フィルター」を選択し，「オートフィルターオプション」ダイアログから，値を「500,000」，条件を「以上」を選択し，「OK」を押すと，2005 年の訪日客数が 500,000 人を超えた，韓国，台湾，中国，米国が表示される。オートフィルターはそれぞれの列に設定され，複数のフィルターを設定していくことができる。複数のフィルターによってより複合的な条件に合致したデータが抽出される。

フィルターは「フィルターボタン」を再度クリックし，はずす。ファイルを保存せずに終了する。

図 3.36 フィルターの設定コマンド

図3.37 フィルターのメニュー

図3.38 フィルターオプションの設定

問題 3.19 「訪日客数」ファイルを開き，「Sheet 1」のシートの複製を「Sheet 1」の後ろに作成し，シート名を「作業用」に変更しなさい。

問題 3.20 「A列」の前に列を挿入し，地域名の前にデータ番号を1〜19まで付けなさい。

問題 3.21 「セルA2」〜「セルM19」までを選択し，2013年の訪問客数が多い順に並べ替えなさい。

問題 3.22 「N列」にその順位を1〜19まで付けると，インドネシアとカナダは何位か。

問題 3.23 ビジット・ジャパンが始まった2003年には10万人以下であったのに，2013年には15万人以上が日本に訪れた国にはどのようなものがあるか調べなさい。

3.7 Excelを使ったデータ分析

Excelによるデータ分析には，第3.4節で扱ったグラフ化や第3.5節の並べ替え，フィルターのほかに，統計処理を行う関数も用意され，様々な分析が可能である。ここでは視覚的な分析を可能にする「スパークライン」と「条件付き書式」と呼ばれる分析について説明する。2つの分析方法はグラフなどとは異なる視覚的な表現による分析である。

(1) スパークライン

ワークシートのデータの傾向を見る方法として，1つのセル内へ配置する小さなグラフであるスパークラインの利用が挙げられる。ファイル「訪日客数」を開き，データエリアを選択する。「クイック分析ボタン」がデータエリアの右下へ表示されるので，クリックする（図3.39）。「書式」や「スパークライン」タブのオプションが開いたら（図3.40），「スパークライン」タブをクリックし，「折れ線」をクリックする。スパークラインにより，グラフ化だけでは見えなかった各地域からの訪日客数の傾向が観察できる（図3.41）。

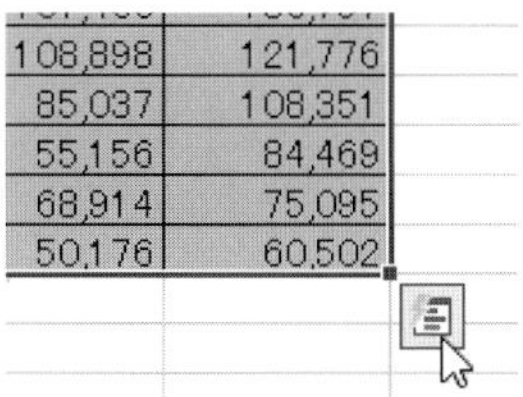

図 3.39 クイック分析ボタン　　　　図 3.40 「スパークライン」

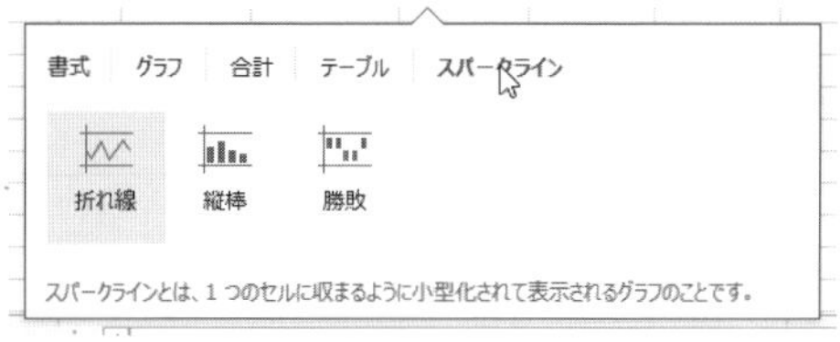

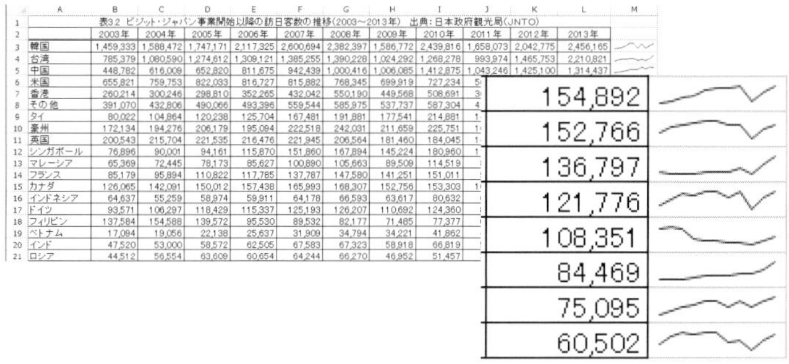

図 3.41 スパークラインの挿入

(2) 条件付き書式

条件付き書式を設定することで，スパークラインと同様にワークシートの数値に意味づけを行うことが可能である。この方法は選択範囲を設定し，「クイック分析ボタン」から「書式」タブをクリックし，条件付き書式を適用する（図 3.42）。

図 3.42 条件付き書式の挿入

問題 3.24　「生徒成績」を開き，それぞれの生徒の科目の得点状況をスパークラインの縦棒により表示しなさい。

問題 3.25　「生徒成績」を開いて，5教科の科目ごとの平均点を求め，平均点以上の得点を薄い緑で示しなさい。

章末問題

3.1 日本語能力試験 Can-do の自己評価リストを作成してみよう。シートを使って「聞く」,「話す」,「読む」,「書く」の各項目について作成する。資料は（www.jlpt.jp/about/pdf/cdslist_all_r.pdf）より入手可能。

3.2 表 3.2 は平成（H）23, 24 年度の都道府県における留学生数の調査の結果の上位 20 位のリストである。Excel の集計表を作成し,
  (1) H 24 年度の留学生数が多い順に並べ替えなさい。
  (2) 各年度の合計を計算し，それぞれの年度における各都道府県の百分率を計算しなさい。
  (3) 各年度別の都道府県の留学生数を円グラフで表示しなさい。
  (4) H 23〜24 年度の増減をスパークラインで表示しなさい。

表 3.2 平成 23, 24 年度の都道府県別留学生数（上位 20 位）

地方名	都道府県名	留学生数(H23)	留学生数(H24)
北海道	北海道	2734	2737
東北	宮城	2018	1872
関東	茨城	2713	2638
関東	埼玉	6013	5877
関東	千葉	4850	5290
関東	東京	43188	43500
関東	神奈川	4680	4683
中部	新潟	1592	1533
中部	石川	1670	1570
中部	静岡	1679	1563
中部	愛知	6706	6623
近畿	京都	6246	6900
近畿	大阪	10325	10521
近畿	兵庫	4959	5128
近畿	奈良	1490	1463
中国	岡山	2516	2273
中国	広島	2647	2499
中国	山口	1566	1671
九州	福岡	10635	10779
九州	大分	3873	3417

第4章
PowerPointの操作と活用

　プレゼンテーション（Presentation，プレゼン）とは，自分の意見やアイデアなどを発表し，相手に伝える方法である。本章では，プレゼン用のソフトウェアであるPowerPointを利用して，プレゼン用のスライドを作成する方法や，実際にプレゼンを行う時の注意点について学ぶ。第4.1節では，自己紹介用の簡単なスライドを作成し，プレゼンを行う。

第 4 章　PPT 的操作与应用

　陈述（Presentation）是通过发表，把自己的意见和想法等传递给对方的一种方法。本章利用陈述用软件 PPT 来学习幻灯片的制作方法及陈述时应注意的事项。4.1 制作自我介绍时使用的简单幻灯片并进行陈述。

제 4 장　파워포인트의 조작과 활용

　프레젠테이션이란 자기의 의견이나 아이디어 등을 발표하고, 상대에게 전하는 방법이다. 본 장에서는 프레젠테이션용 소프트웨어인 파워 포인트를 이용하여, 프레젠테이션용 소프트를 작성하는 방법이나 실제로 프레젠테이션을 행할 때의 주의점에 관해 배운다. 4.1 에서는 자기소개용의 간단한 슬라이드를 작성하고 프레젠테이션을 행한다.

Chapter 4　Operations and Usage of Power Point

　Presentation is a way of delivering our own ideas to give the other person. In this chapter, we will be studying ways of drawing up slide documents for a presentation using Power Point and a few words of caution on a presentation. In section 4.1, we will be drawing up slide documents for giving a self-introduction and giving our presentation.

4.1　PowerPointの基礎

(1) PowerPointの起動
　　［Windowsのスタート画面］→［アプリビュー］→［Microsoft Office 2013］→［PowerPoint

2013] をクリックして PowerPoint を起動する。PowerPoint の［スタート画面］が表示される。［新しいプレゼンテーション］をクリックし，ファイルを新規作成する。このファイルを PowerPoint では「プレゼンテーション」という。なお本章では，発表を「プレゼン」と略して表記しており，ファイルの「プレゼンテーション」と使い分けている。

(2) PowerPoint の画面構成

① タイトルバー：ファイル名やアプリ名を表示。

② クイックアクセスツールバー：よく使うコマンドを登録できる。デフォルトでは，上書き保存，元に戻す，繰り返し，先頭から開始ボタン。

③ リボン

④ Microsoft PowerPoint ヘルプ

⑤ リボンの表示オプション

⑥ ウィンドウ操作ボタン

⑦ ステータスバー

⑧ 表示選択

⑨ ズームスライダー，ズーム

⑩ ウィンドウのサイズに合わせて大きさを変更

図 4.1　PowerPoint の画面構成

(3) 文字の入力

新しくプレゼンテーションを作成すると，［タイトルスライド］が表示される。点線で表示されている枠が［プレースホルダー］である。プレースホルダーの枠内をクリックすると文字を入力できる。ここではタイトルプレースホルダーに「自己紹介」と入力する。入力後，［サブタイトルを入力］をクリックし，サブタイトルプレースホルダーに「自分の名前」を入力する。入力後，プレースホルダー以外の場所をクリックすると，サブタイトルが確定される。

(4) 新規スライドの作成

［ホーム］タブ→［スライド］グループ→［新しいスライド］をクリックして新しいスライドを挿入する。

図 4.2　新しいスライドの挿入

なお，［新しいスライド］の▼をクリックすると，新しいスライドのレイアウトを選択できる。図 4.3 の画面が表示された場合，ここでは［タイトルとコンテンツ］を選択する。スライドタイトルに「プロフィール」と入力しておく。

図 4.3　新しいスライドのレイアウト選択

(5) 箇条書きテキスト

コンテンツプレースホルダーに自分に関することを箇条書きで入力する。項目を入力後［Enter］キーを押すと，自動的に次の行にカーソルが移動し，行頭文字（・）が表示され，新しい項目が入力できる。なお，［Shift］キーを押しながら改行すると前の行の続きとして扱うことができる。また，箇条書きテキストは，項目を階層的に表現することができる。

- 項目のレベルを下げる
    - 項目の行頭で［Tab］キーを押す。
    - ［ホーム］タブ→［段落］グループ→［インデントを増やす］。
- 項目のレベルを上げる
    - 項目の行頭で［Shift］キーを押しながら［Tab］キーを押す。
    - ［ホーム］タブ→［段落］グループ→［インデントを減らす］。

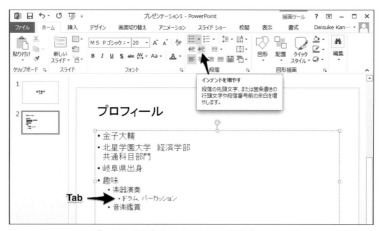

図 4.4　箇条書きのレベルを上下させる

(6) スライドショーの実行

プレゼンを行う際，スライドを画面全体に表示して順番に閲覧していくことを「スライドショー」という。スライドショーを実行する時の操作を以下に示す。

- スライドショーの実行
    - ［スライドショー］タブ→［スライドショーの開始］グループ→［先頭から開始］。
    - ［F5］キーを押す。
- スライドの切り替え
    - マウスをクリックする。
    - ［Enter］キーまたは［→］キーを押す。
- スライドを1つ前に戻す
    - ［←］キーを押す。

- スライドショーを途中で中断
    ➢ [Esc] キーを押す。

最後のスライドが表示されると「スライドショーの最後です。クリックすると終了します。」というメッセージが表示される。[Enter] キーかマウスクリックで，スライドショーが終了する。

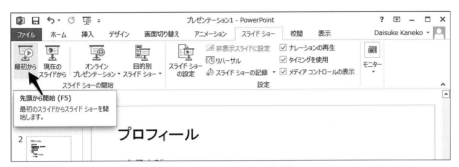

図 4.5　スライドショーを実行する

(7) ファイルの保存

作成したプレゼンテーションを残すには，[ファイル] タブ→[名前を付けて保存] をクリックし，保存する場所を選択する。ファイル名はわかりやすいものにするとよい。保存されたプレゼンテーションには，拡張子「.pptx」が自動的に付く。なお，すでに保存されているプレゼンテーションを，編集後にもう一度保存する場合には，[上書き保存] を利用する。

問題 4.1　スライドをさらに 1，2 枚追加して，プレゼンテーション「自己紹介」を完成させなさい。

問題 4.2　2～4 名でグループになり，スライドショーを実行しながら自己紹介しなさい。

4.2　見栄えのよいスライドの作成

内容が同じでも，スライドの見た目によってプレゼンの聞き手に与える印象が異なる。プレゼンの内容や対象に合わせ，派手になりすぎない程度に，見栄えのよいスライドを作成することも必要である。第 4.2 節では，第 4.1 節で作成した自己紹介のスライドを再利用して説明する。

(1) ファイルを開く

第 4.1 節で作成した自己紹介のプレゼンテーションを開く。エクスプローラーを起動し，ファイルをダブルクリックして開く。

(2) テーマの適用

PowerPointには，配色やフォントなどのデザインをあらかじめ組み合わせた「テーマ」が用意されている。テーマを適用することで，プレゼンテーション全体のデザインを一括して変更できる。スライド1枚ずつデザインを設定する手間を省くことができ，統一感のあるスライドを作成できる。

［デザイン］タブ→［テーマ］グループ→［その他］▼をクリックするとテーマの一覧が表示される。そこから，目的のテーマを選択しクリックすると，プレゼンテーションにテーマが適用される。

図4.6 テーマの一覧表示

(3) フォント・フォントサイズ・フォントの色の変更

プレースホルダー内のフォント・フォントサイズ・フォントの色などは，自由に変更できる。基本的な操作方法はWordやExcelと同じであるが，PowerPointではプレースホルダー内の文字を選択してから設定を行う。以下にプレースホルダー内の文字を選択する方法を示す。

- プレースホルダー内の全ての文字を選択（図4.7）
  - プレースホルダーの枠線をクリックして，プレースホルダーそのものを選択する。
  - プレースホルダーの枠が点線ではなく実線になる点に注意が必要である。
- プレースホルダー内の一部の文字を選択（図4.8）
  - 該当する文字をドラッグする。
- プレースホルダー内の複数の文字を選択（図4.9）
  - 1つ目の文字を選択した後，［Ctrl］キーを押しながら，2つ目以降の文字を選択する。
- プレースホルダー内の箇条書きテキストを選択（図4.10）
  - 行頭文字をクリックする。

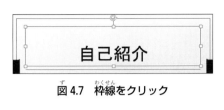
図 4.7　枠線をクリック

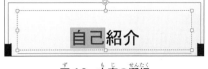
図 4.8　文字の選択

図 4.9　複数の文字の選択

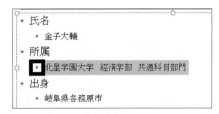
図 4.10　行頭文字をクリック

　デザインを変更したい文字を選択した後，［ホーム］タブ→［フォント］グループから設定を行う。図 4.11 では，楽器演奏の下位項目について，フォントを角ポップ体に，フォントサイズを 32 に変更している。

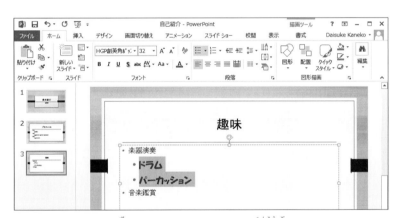
図 4.11　フォントとサイズを変更後

（4）クリップアートの挿入
　「Office.com」には，イラストや写真などの「クリップアート」が 10 万点以上，無償で公開されている。これらは，使用許諾契約の範囲内であれば自由に利用できる。
　クリップアートを挿入するには［挿入］タブ→［画像］グループ→［オンライン画像］をクリックする。［Office.com クリップアート］にキーワードを入力し，［Enter］キーを押すと検索が開始される。検索結果から画像を選択し［挿入］をクリックする。画像の周囲に表示されている□（ハンドル）をドラッグしてサイズを調整したり，画像そのものをドラッグして位置を調整したりする。

図4.12　オンライン画像を挿入

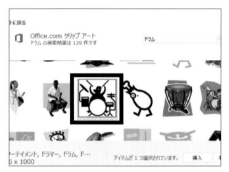

図4.13　検索結果から画像を挿入

(5) スライドのレイアウトの変更

　スライドのレイアウトは必要に応じて変えることができる。今のレイアウトは「タイトルとコンテンツ」である。2枚目のスライド「プロフィール」を，箇条書きと写真の両方が表示できるように変更する。[ホーム] タブ→ [スライド] グループ→ [スライドのレイアウト] をクリックする。「2つのコンテンツ」をクリックする。

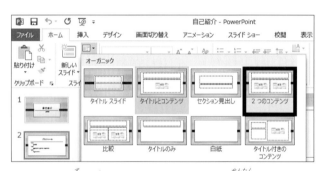

図4.14　スライドのレイアウトを選択

(6) 画像の挿入

　インターネット上にある画像や，デジカメなどで撮影した写真，あるいはビデオ映像などをスライドに挿入することができる。ただし，著作権や肖像権などの権利処理を適切に行う必要がある。また，その画像や映像が本当にプレゼンに必要かをよく考えてから利用すること。

　(5)でレイアウトを変更したプロフィールのスライドに写真を挿入する。[挿入] タブ→ [画像] グループ→ [画像] をクリックする。挿入したい画像が保存されている場所を表示する。画像をクリックし，「挿入」ボタンを押すと，自動的に画像が挿入される。

　挿入した画像は，クリックして表示される□（ハンドル）をドラッグすることで大きさを変えたり，画像そのものをドラッグして場所を移動したりすることが可能である。[挿入] タブ→ [メディア] グループ→ [ビデオ] や [オーディオ] を利用することで，映像や音声を挿入することもできる。

図 4.15　画像の挿入

図 4.16　画像挿入後のスライド

問題 4.3　問題 4.1 で作成したプレゼンテーション「自己紹介」に，クリップアートや写真を挿入するなど，自分なりに工夫して見栄えがよくなるように修正しなさい。

問題 4.4　2〜4 名でグループになり，問題 4.3 で作成したプレゼンテーションを使って自己紹介しなさい。その後，お互いのスライドの見栄えについて，よい点と悪い点を指摘しなさい。悪い点を指摘する時には，具体的にどう修正すればよいかもアドバイスすること。

4.3　プレゼンに説得力を持たせる

　プレゼンに説得力を持たせるためには，表やグラフを利用して具体的なデータを示す必要がある。PowerPoint で表やグラフを作るか，Excel で作成したものを貼り付ける。

　第 4.3 節では，日本とカナダとの違いについてのスライドを作成しながら説明を行う。準備のため，プレゼンテーションを新しく作成しておく。タイトルスライドには「日本とカナダとの比較」，「自分の氏名」を記入し，2 枚目のスライドを新規に作成しておく。その後，わかりやすいファイル名を付けて保存する。

(1) 表の利用

　何かと何かを比較したり，具体的な数値を示したりする時は，表を利用する。項目別にデータを整列して表示できるため，内容を読み取りやすくなる。もちろん，箇条書きで表現することも可能である。両方作成し，よりわかりやすい表現方法を選択するとよい。

　例えば，日本とカナダの首都，人口，人口の多い都市の比較を箇条書きで表現したものと，表で表現したものを比べてみると，表形式の方が，内容が読み取りやすいことがわかる。以降では，図 4.18 の日本とカナダの比較表を作成する。

　なお，表は縦方向の「列」と横方向の「行」で構成されており，1 つ 1 つのマス目が「セル」である。

- 日本（平成22年国勢調査）
  - 首都
    - 東京
  - 人口
    - 1億2806万人
  - 人口の多い都市
    - 1位：東京23区、895万人
    - 2位：横浜市、369万人
    - 3位：大阪市、267万人
- カナダ（2011 Census）
  - 首都
    - オタワ
  - 人口
    - 3348万人
  - 人口の多い都市
    - 1位：トロント、558万人
    - 2位：モントリオール、382万人
    - 3位：バンクーバー、231万人

図 4.17　箇条書きの見本

		日本	カナダ
首都		東京	オタワ
人口		1億2806万人	3348万人
人口の多い都市	第1位	東京23区、895万人	トロント、558万人
	第2位	横浜市、369万人	モントリオール、382万人
	第3位	大阪市、267万人	バンクーバー、231万人

日本：平成22年国勢調査、カナダ：2011 Census

図 4.18　表の見本

(2) 表の作成

2枚目のスライドを選択し，［挿入］タブ→［表］グループ→［表］をクリックし，［表の挿入］をクリックする。「表の挿入」ダイアログボックスに，表の列数と行数を入力する。今回作成するのは3列6行の表なので，列数を3に，行数を6に設定して［OK］ボタンをクリックする。

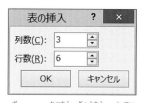

図 4.20　列数と行数の指定

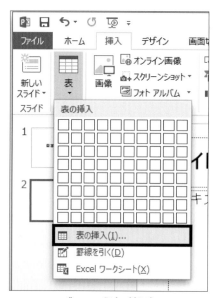

図 4.19　表の挿入

表にはスタイルが設定されているが，スタイルは後から変更できる。そのためまずは表にデータを入力しておく。

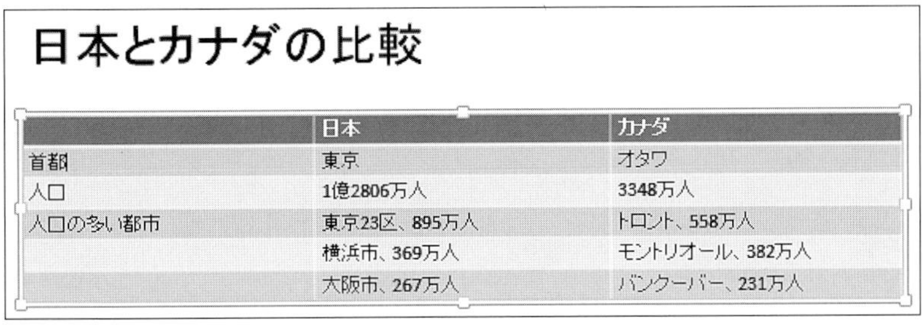

図 4.21　データのみ入力

(3) 表の移動と大きさの変更

表内をクリックすると枠線が表示される。その枠線をドラッグすると表を移動できる。また，枠線に表示されている□をドラッグすると，表の大きさを調整できる。

(4) セルの結合と分割

「人口の多い都市」のセルを2つに分割し，右側のセルには第1位，第2位，第3位と書き，左側のセルを1つに結合する。分割したいセルを選択する。［表ツール］の［レイアウト］タブ→［結合］グループ→［セルの分割］をクリックする。

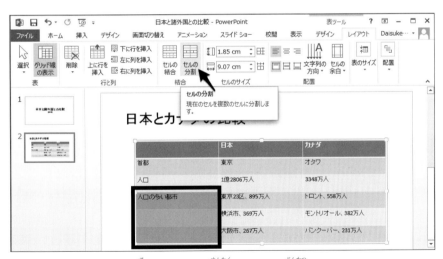

図 4.22　セルを選択し「セルの分割」

「セルの分割」ダイアログボックスで，列数を 2，行数を 1 に設定して［OK］をクリックする。分割されたセルにそれぞれ，「第 1 位」，「第 2 位」，「第 3 位」と入力する。次に，左側のセルを結合して 1 つのセルにする。結合したいセルを選択し，［表ツール］の［レイアウト］タブ→［結合］グループ→［セルの結合］をクリックする。

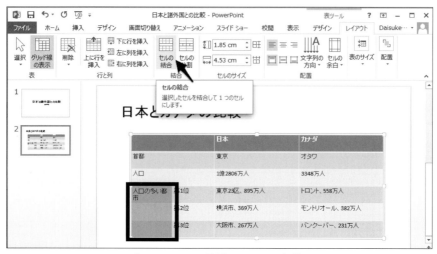

図 4.23　セルを選択し「セルの結合」

(5) 表の書式設定

表にあらかじめ設定されたスタイルは，後から自由に変更できる。表をクリックして選択し，［表ツール］［デザイン］タブ→［表のスタイル］グループ→（その他）をクリックする。スタイルの一覧が表示されるので，好きなスタイルを選択する。

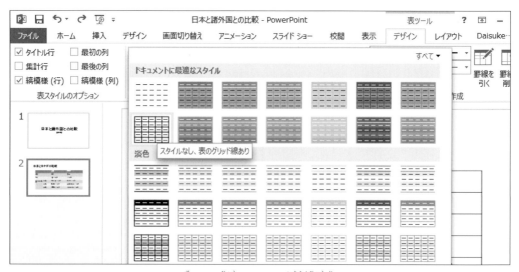

図 4.24　表のスタイル一覧表示

ここで，表中の文字の書体を変更する。表中の文字の書体を全て一括して変更する場合には，表の周囲の枠線をクリックして表全体を選択する。その後［ホーム］タブ→［フォント］グループからフォントやフォントサイズを変更する。

初期設定では，セル内の文字は，水平方向は左揃え，垂直方向は上揃えになっている。それを水平方向にも垂直方向にも中央揃えに設定する。水平方向に中央揃えするには，表全体を選択して，［表ツール］の［レイアウト］タブ→［配置］グループ→［中央揃え］ボタンをクリックする。垂直方向に中央揃えするには，［表ツール］の［レイアウト］タブ→［配置］グループ→［上下中央揃え］ボタンをクリックする。

図 4.25　表中文字の中央揃え

図 4.26　垂直方向に中央揃え

(6) グラフの作成

グラフは，数値を視覚化して表現するため，データをわかりやすく示せる。ただし，グラフの種類や使用するデータなどで印象が変わる。言いたいことがこのグラフで本当に言えるのか常に意識してグラフを作成する。一般的に，棒グラフは項目間比較，円グラフは割合，折れ線グラフは推移を示すために利用されることが多い。

ここでは，日本とカナダのの首都（東京とオタワ）の月別平均気温を比較するための折れ線グラフを作成する。新規にスライドを作成し，タイトルを「平均気温比較」とする。［挿入］タブ→［図］グループ→［グラフ］をクリックする。「グラフの挿入」ダイアログボックスの左側の一覧から「折れ線」を選択し，右側の一覧から「折れ線」を選択する。

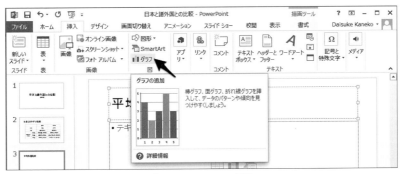

図 4.27　グラフの作成

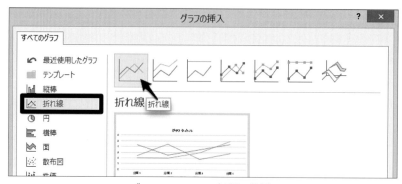

図 4.28　グラフの種類を選択

　Excel のワークシートが表示され，仮のデータでグラフが作成される。ワークシートにデータを入力する。あらかじめ入力されている文字は上書きしてよい。入力されたデータに応じてグラフ範囲が設定され，グラフが自動で更新される。

　なお D 列の「系列 3」は，今回は利用しないため，列番号を右クリックして削除を選択し，列ごと削除しておく。データの入力が終わったら，Excel ワークシートは閉じておく。

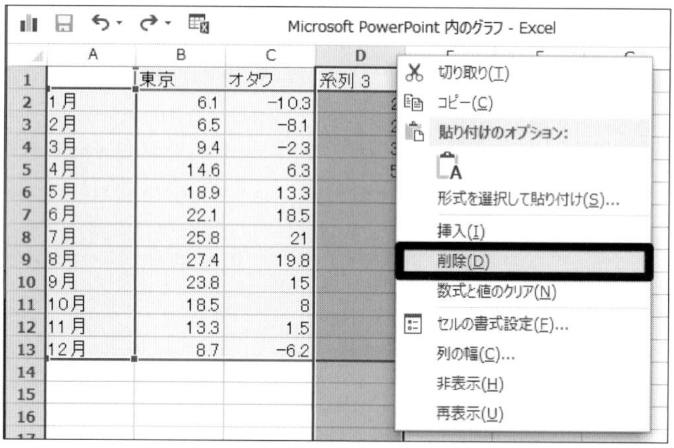

図 4.29　Excel ワークシートで D 列を削除

（7）グラフの書式設定

　作成したグラフは移動や大きさの変更が可能である。このほか，表示されるグラフの要素や配置などの「レイアウト」や，グラフの書式などの「スタイル」も変更できる。

　折れ線グラフのレイアウトを，データの詳細が表示されるものに変更する。グラフをクリックして，グラフ全体を選択する。［グラフツール］の［デザイン］タブ→［グラフのレイアウト］グループ→［クイックレイアウト］をクリックし，「レイアウト 5」を選択する。このままでは文字が小さく読みづらいため，フォントサイズを 20 pt に変更する。

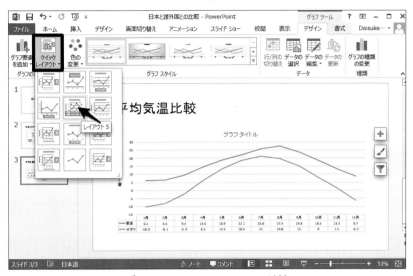

図 4.30　グラフレイアウトの変更

　凡例や軸ラベルなどの要素の表示・非表示を切り替えるには，［グラフツール］の［デザイン］タブ→［グラフのレイアウト］グループ→［グラフ要素を追加］をクリックする。すでにタイトルプレースホルダーにこのスライドのタイトルを入力しているため，「グラフタイトル」を削除する。［グラフ要素を追加］→［グラフタイトル］→［なし］をクリックする。

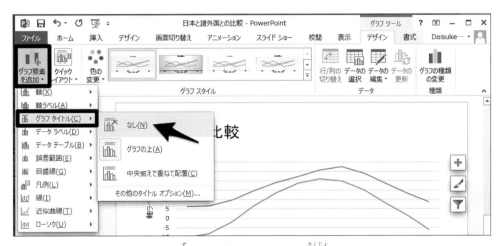

図 4.31　グラフタイトルの削除

　縦軸ラベルを「(℃)」にする。まずは，初期設定では文字が横書きになっているため，文字の方向を縦書きに修正する。軸ラベルをクリックし，［グラフツール］の［書式］タブ→［現在の選択範囲］グループ→［選択対象の書式設定］をクリックする。この時，［選択対象の書式設定］の上の欄に「縦（値）軸ラベル」と表示されているかを確認する。「軸ラベルの書式

設定」画面で［サイズとプロパティ］を選択し、「文字列の方向」を［縦書き（半角文字含む）］に変更する。軸ラベルが縦書きになったら、×ボタンをクリックして「軸ラベルの書式設定」を閉じる。

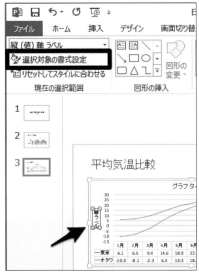
図 4.32　軸ラベルの選択と書式設定

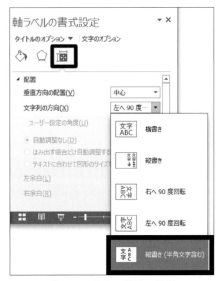
図 4.33　文字の方向を選択

軸ラベルを「(℃)」と書き換える。グラフ以外の箇所をクリックし、グラフの選択を解除する。

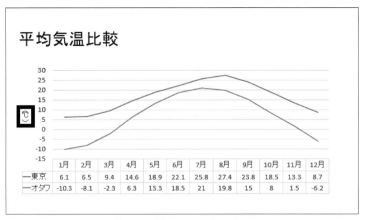
図 4.34　軸ラベルの書き換え

(8) テキストボックスの挿入

　表やグラフなどでデータを示す場合は，データの出典を明記する。これらの情報は，テキストボックスを利用して表やグラフの下部に表示する。

　まず，スライド「日本とカナダの比較」表の下に「日本：2010年，カナダ：2011年国勢調査による」と出典を示す。スライド「日本とカナダの比較」を表示し，[挿入] タブ→ [テキスト] グループ→ [テキストボックス] をクリックする。テキストボックスを設置したい箇所をドラッグして設置する。

図 4.35　テキストボックスの挿入

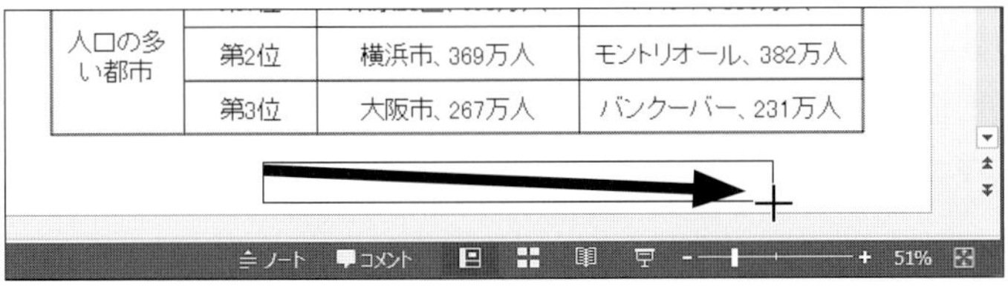

図 4.36　ドラッグしてテキストボックスを設置

　テキストボックス内に「日本：2010年，カナダ：2011年国勢調査による」と記入する。テキストボックスの大きさや位置，文字のフォントやサイズを調整する。

図 4.37　テキストボックスに文字を記入

同様に，東京とオタワの平均気温比較のグラフの下にテキストボックスを設置し，「1981年～2010年の平年値。気象庁（日本）Environment Canada（カナダ）による」と出典を示す。

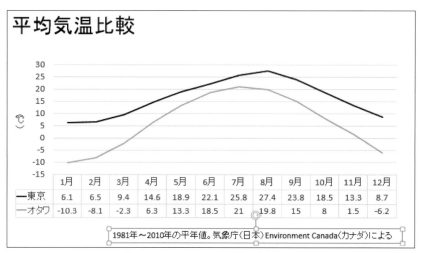

図 4.38　グラフにも出典を記載する

それぞれの元データはいずれも政府が公表しているデータである。データを利用する際には，できるだけ信頼性の高い情報源を利用すること。

問題 4.5 日本と他国とを比較するスライドを作成しなさい。
- 比較する国や比較項目（人口，気候，経済，教育制度など）は自由に決めてよい。
- ただし，表やグラフを適切に利用し，わかりやすいスライドを作成すること。

問題 4.6 2〜4名でグループになり，作成したスライドを使ってプレゼンしなさい。

4.4 注目を促すスライドの作成

　プレゼンの中で強調したいところを示す方法は，指示棒やレーザーポインタを用いて発表者が直接示す，図形やアニメーションを利用してスライド上で示すなどいくつかある。また人間の視線は，左から右，上から下へと流れる習性がある。これをうまく利用して図解を作成したり，画面の切り替え効果を設定したりすると，自然に注目を促すスライドを作成できる。以降では，第4.3節で作成したプレゼンテーション「日本と諸外国との比較」を再利用して説明する。

(1) 図形の利用

　PowerPointには，線，矢印，四角，吹き出しなど様々な形の図形が用意されており，スライド上に自由に配置できる。図形は中に文字を挿入することもできる。

　スライド「日本とカナダの比較」に「角丸四角形吹き出し」を挿入する。［挿入］タブ→［図］グループ→［図形］をクリックし，［吹き出し］の［角丸四角形吹き出し］をクリックする。図形を挿入したい箇所をドラッグすると，吹き出しが作成される。

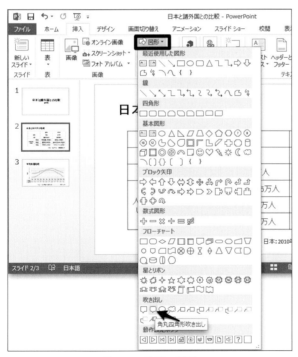

図 4.39　図形の選択

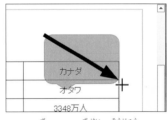

図 4.40　図形の挿入

図形に文字を入力する。図形をクリックすると図形が実線で囲まれ，周囲に□（ハンドル）が表示される。この状態で「カナダ第4位」と入力する。入力後，図形以外の場所をクリックすると，入力した文字が確定される。その後必要に応じて，フォントやフォントサイズ，図形の位置や大きさ，形などを調整する。

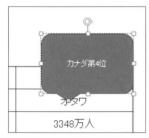

図4.41 文字を入力

図4.42 図形やフォントを調整

(2) SmartArt グラフィック

「SmartArt グラフィック」は，複数の図形を組み合わせて「手順」，「循環」，「階層構造」などを簡単に表せるようにしたものである。ここでは，SmartArt グラフィックを用いて，日本とカナダの関係について図示するスライドを作成する。

新しいスライドを作成し，タイトルを「日本のパートナーとしてのカナダ」とする。［挿入］タブ→［図］グループ→［SmartArt］をクリックする。

図4.43 SmartArt グラフィックの挿入

左側の一覧から［リスト］を選択，中央の一覧から［縦方向ボックスリスト］を選択し，［OK］ボタンをクリックする。

4.4 注目を促すスライドの作成

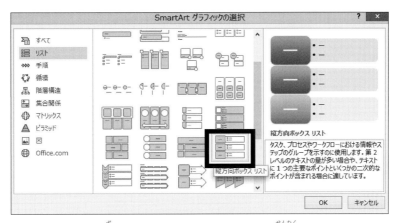

図 4.44　SmartArt グラフィックの選択

SmartArt グラフィックが作成され，テキストウィンドウが表示される。テキストウィンドウに文字を入力すると，自動的に SmartArt グラフィックに反映される。入力を終えたら SmartArt 以外の場所をクリックし，選択を解除する。

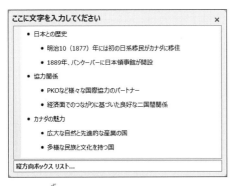

図 4.45　テキストウィンドウ

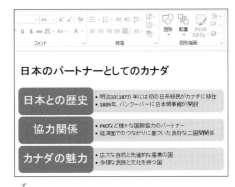

図 4.46　完成した SmartArt グラフィック

(3) アニメーションの設定

　スライド上のタイトルや箇条書きテキスト，図形などの「オブジェクト」には，アニメーションを設定できる。ここでは，5枚目にまとめのスライド（図 4.47）を新しく挿入して，箇条書きテキストにアニメーションを設定する。

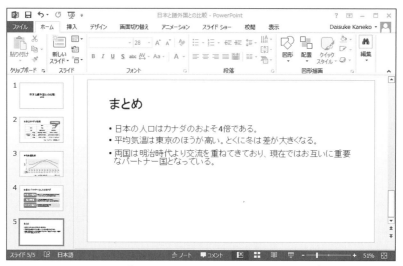

図 4.47　まとめスライドの見本

　コンテンツプレースホルダー（箇条書きテキスト）の枠線をクリックする。［アニメーション］タブ［アニメーションの詳細設定］グループ→［アニメーションの追加］をクリックする。ここでは［開始］の［ワイプ］を選択する。

図 4.48　アニメーションの追加

　箇条書きの行頭文字の左側に，アニメーションの再生順序を示す数値が表示される。スライドショーを実行し，設定したアニメーションを確認するには，ステータスバーの［スライドショー］をクリックする。スライド「まとめ」からスライドショーが実行され，アニメーションが順番通り再生される。

図 4.49　ステータスバーのスライドショー

(4) 画面切り替え効果の設定

「画面切り替え効果」を設定すると，徐々にスライドが切り替わったり，ページをめくるようにスライドが切り替わったりなどの効果をスライドショーに付けることができる。例えば，話題が変わる箇所で少し動きのあるスライドの切り替えを利用すれば，聞き手に「話題が変わった」と意識させることができる。ここでは，タイトルスライドに「キューブ」の画面切り替え効果を設定する。

タイトルスライドを選択する。［画面切り替え］タブ→［画面切り替え］グループ→［その他］をクリックする。［はなやか］→［キューブ］をクリックする。

図 4.50 画面切り替え効果を選択

図 4.51 画面切り替え効果の一覧

設定された画面切り替え効果を確認するためには，スライドショーを実行する。標準表示モードのまま画面切り替え効果のプレビューを行うには，［サムネイルペイン］の［アニメーションの再生］をクリックする。

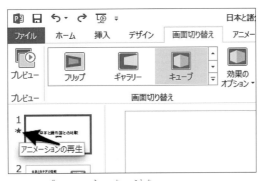

図 4.52 切り替え効果のプレビュー

問題 4.7 問題 4.5 で作成したプレゼンテーションに図形やアニメーションなどの効果を設定し、聞き手の注目を促すようなスライドを作成しなさい。

問題 4.8 2～4名でグループになり、問題 4.7 で作成したプレゼンテーションを互いに評価しなさい。自分が設定した図形、SmartArt グラフィック、アニメーション、画面切り替え効果などについて、なぜこれらの効果を設定したのか、それが実際に効果的かどうかについて議論すること。

4.5 プレゼンの準備

PowerPoint でスライドを作るのは、プレゼンの準備の一部でしかない。第 4.5 節では、スライドの作成も含め、プレゼンの準備全体について述べる。

(1) プレゼンの流れ

各段階は完全に独立しているわけではない。例えばリハーサル後にプレゼン資料を改善するなど、必要に応じ前の段階に戻りながら進めていくことが必要である。

1. **プレゼンの企画を立てる**

   プレゼンのテーマや、聞き手に何をどこまで理解させるかなどの目的を考える。聞き手の人数や年齢、テーマに関する関心の度合いや内容に対する知識の有無なども調べておく。

2. **プレゼンの組み立て**

   プレゼンに必要な資料や情報を集め、プレゼンの内容を組み立てる。最も伝えたいこと（メインメッセージ）を明確にし、それを伝えるための構成を考える。聞き手を引き込むためには、「物語（ストーリー）」も重要である。

3. **プレゼン資料の作成**

   組み立てた構成をもとに、PowerPoint を利用しスライドを作成する。このほかに、発表者用のノートを入力したり、必要に応じて配付資料を作成したりする。

4. **リハーサルの実施**

   プレゼンの実施前には必ずリハーサルを行う。本番を想定しながら実施し、総合的にチェックする。以下に、リハーサルの時にチェックする項目を示す。

- 準備
  - 発表会場、利用機器（マイク・コンピュータ・スクリーン・指示棒など）、発表時間、配付資料
- 内容・表現
  - ストーリーの構成、主張のわかりやすさ、文字の大きさや見やすさ、図・表の見やすさ、配色・配置

- 話し方
  - 話すスピードと時間配分，聞きやすさ（声量・抑揚・リズムなど），身振り手振りなどの態度，体の向きや姿勢

5. プレゼンの実施と評価

　プレゼンを実施し，場合によっては質疑応答を行い，それに対する評価を行う。得られた評価を検討し，次回のプレゼンに役立てる。

(2) スライドの印刷

　ノート（補足説明や発表原稿など）をスライドと一緒に印刷して発表者用の資料としたり，1枚の用紙に複数のスライドを印刷して配付資料としたりすることができる。

　作業中のスライドにノートを書き込む領域が「ノートペイン」である。1枚目のタイトルスライドに切り替え，[ノート]をクリックする。ノートペインが表示されるので，ノートを入力する。ノートペインが狭い場合は，スライドペインとノートペインの境界線をドラッグして調整する。

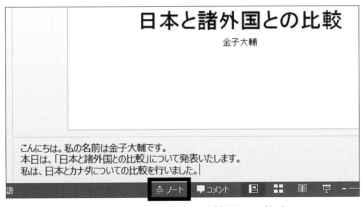

図 4.53　ノートペインに補足説明を入力

　全てのスライドをノートが表示された形で印刷する場合は，[ファイル]タブ→[印刷]から，[設定]→[フルページサイズのスライド]をクリックし，[印刷レイアウト]の[ノート]をクリックする。画面右側の印刷イメージが変更されて，スライドのみの表示ではなく，ノートが付いたスライドが表示される。印刷部数やプリンタを確認後，[印刷]をクリックして印刷する。

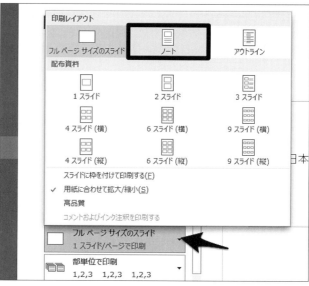

をクリックするか［Esc］キーを押すと，編集画面に戻る。編集画面で［ノート］をもう一度クリックすると，ノートペインを非表示にできる。なお，配付資料を作成する時は，配付資料の［3スライド］か［6スライド］を利用するとよい。［3スライド］はスライドの横にメモを書く欄が表示される。

図 4.54　印刷レイアウトの選択

(3) リハーサルの実施

「リハーサル」は，スライドショー全体の所要時間や各スライドの表示時間を記録できる機能である。これを参考に，発表内容の修正や時間配分の調整を行う。［スライドショー］タブ→［設定］グループ→［リハーサル］をクリックしてリハーサルを実行する。プレゼンテーションのリハーサルが開始され，画面左上に［記録中］ツールバーが表示される。2種類の経過時間が表示されており，左側が現在のスライドの表示時間，右側がリハーサル全体の経過時間を表示している。

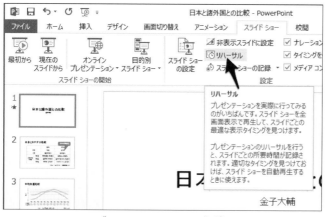

図 4.55　リハーサルの実行

図 4.56　記録中ツールバー

リハーサルが終了するとメッセージが表示される。[はい]をクリックして，スライドのタイミングを記録する。タイミングを確認するため，[スライド一覧]をクリックしてスライド一覧表示モードに切り替える。各スライドの右下に記録した時間が表示されている。この時間を確認しながら，発表時間を調整する。なお，スライド一覧表示モードでは，スライドの移動も可能である。スライド全体を見ながら流れを調整する。

図 4.57 スライド一覧表示画面

スライドが切り替わるタイミングが記録されていると，実際にスライドショーを行う時に自動的にスライドが切り替わってしまう。勝手にスライドが切り替わらないよう，スライドのタイミングをクリアしておく。[スライドショー]タブ→[設定]グループ→[スライドショーの記録]の▼をクリックする。[クリア]をポイントし，[すべてのスライドのタイミングをクリア]をクリックする。各スライドの右下の時間がクリアされていることを確認する。スライド一覧表示モードから標準表示モードに戻しておく。

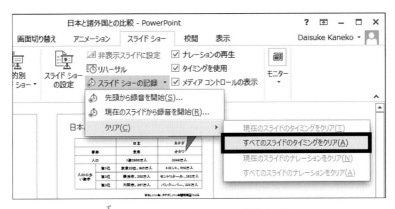

図 4.58 スライドのタイミングをクリア

(4) スライド作成上の注意

- **プレゼンテーションのメインメッセージは明確か**
  プレゼンで一番言いたいことを明確にし，それを伝えるためのストーリーを組み立てる。

- **そのスライドで一番言いたいことは明確か**
  プレゼンにメインメッセージがあるのと同じく，それぞれのスライドにもメインメッセージがある。1枚のスライドに多くの内容を詰め込みすぎない。

- **スライドの枚数は適切か**
  スライドの内容によっても異なるが，1枚のスライドで1～3分程度を目安にする。

- **「読む」スライドではなく「見る」スライドを作成する。**
  スライドの文字が多すぎると，聞き手はスライドを「読む」ことに集中してしまう。文章ではなく箇条書きを，文字よりも図表を利用する。どうしても多くの文字を示す必要がある場合は，アニメーションを使って順番に見せるなどの工夫をする。

- **見やすいスライドを作成する**
  文字の大きさや配色など，聞き手にとって見やすいスライドを作成する。プレゼンの会場によっても見やすさは異なる。一般的に，黒っぽい背景に白っぽい文字が見やすい。フォントはメイリオなどのゴシック体（サンセリフ系）が見やすい。

- **アニメーションを多用しない**
  PowerPointは派手なアニメーションを設定できるが，その多くはプレゼンの理解とは無関係である。本当に必要な部分にのみ，効果的にアニメーションを設定する。

- **最後のスライドは「ありがとう」ではなく「まとめ」にする**
  発表が終わった後のお礼は，文字ではなく口頭で伝える。最後はまとめのスライドとし，このプレゼンのメインメッセージや大まかな振り返りを表示させておく。

問題 4.9 発表時間は5分，クラスの前で1人で発表することを想定し，日本と他国を比較するプレゼンテーションを作成しなさい。比較する国や項目は自由に選択してよい。問題4.7で作成したプレゼンテーションを再利用してもよい。

問題 4.10 2～4名でグループになり，問題4.9で作成したプレゼンテーションのスライドショーを実行しながら，以下の点について説明しなさい。

- このプレゼンで一番伝えたいこと（メインメッセージ）
- それぞれのスライドの意図（このスライドで一番言いたいこと，なぜこのレイアウトにしたのか，アニメーションを利用した目的など）

問題 4.11 そのプレゼンをより良いものにするには，どこをどう修正すればよいか。グループでディスカッションしなさい。

4.6 プレゼンの実施

(1) スライドの切り替え

スライドショーを実行する際には（第4.1節（6）を参照），内容に合わせてスライドを切り替えることが必要になる。以下に，スライドの切り替え方法をまとめる。

表4.1 スライドの切り替え方法

次のスライドに進む	前のスライドに戻る
・スライドをクリック ・[スペース] キー ・[→] キーまたは [↓] キー ・スライドを右クリック→[次へ] ・スライドの左下をポイントし，▷をクリック	・[BackSpace] キー ・[←] キーまたは [↑] キー ・スライドを右クリック→[前へ] ・スライドの左下をポイントし，◁をクリック
スライド番号を指定して移動する	直前に表示したスライドに戻る
・スライド番号を入力→[Enter] キー （ただし何も表示されないので注意）	・スライドを右クリック→[最後の表示] ・スライドの左下をポイントし，⋯をクリック→[最後の表示]

スライドの一覧を表示させ，そこからジャンプするスライドを選択することも可能である。スライドショー実行中に右クリック→[すべてのスライドを表示]をクリックする。全てのスライドの一覧が表示されるので，ジャンプしたいスライドをクリックする。

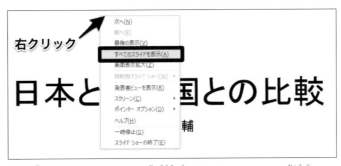

図4.59 スライドショー実行中にすべてのスライドを表示

(2) ペン・蛍光ペンの利用

スライドショー実行中,「ペン」で強調したい部分に書き込みをしたり,「蛍光ペン」で色を塗ったりすることができる。スライドショー実行中にスライドを右クリック→［ポインターオプション］→［ペン］をクリックする。マウスポインタの形が「・」に変わるので,ドラッグして書き込みを行う。蛍光ペンを利用する時は,スライドを右クリック→［ポインターオプション］→［蛍光ペン］をクリックする。マウスポインタの形が変化するので,色を付けたい箇所をドラッグする。ペンを解除するときは［Esc］キーを押す。ペンや蛍光ペンで書き込んだ内容は「インク注釈」として保存することができる。スライドショー終了時に表示される確認画面で［保持］をクリックすると,書き込んだ内容を保存してスライドショーを終了する。

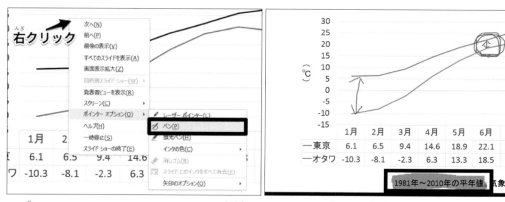

図4.60　ポインターオプションからペンを選択　　図4.61　蛍光ペンで着色

(3) 発表者ビューの利用

スライドショーの実行中に発表者だけに表示される画面が「発表者ビュー」である。外部ディスプレイ端子にプロジェクタなどを接続した時に,パソコンの画面とプロジェクタに別々の画面を表示させることができる。

まず,パソコンとプロジェクタを接続する。次に,［スライドショー］タブ→［モニター］グループ→［プレゼンテーションの表示先］が［自動］になっているか確認し,［発表者ツールを使用する］の□にチェックを入れる。この状態でスライドショーを実行すると,パソコンには発表者ツールが,プロジェクタにはスライドショーが表示される。

なお,プロジェクタを接続せずに発表者ビューを表示するには,スライドショーを実行中にスライドを右クリック→［発表者ビューを表示］をクリックする。

図 4.62　発表者ビューの利用設定

(4) 発表者ビューの画面構成
① タイマー：スライドショーの経過時間の表示
② タイマーの停止
③ タイマーのリセット
④ 現在時刻
⑤ 現在のスライド
⑥ 次のスライド
⑦ ペンとレーザーポインタツール：ペンや蛍光ペンを使って書き込める
⑧ すべてのスライドを表示
⑨ スライドの拡大：スライドの一部を拡大して表示する。[Esc] キーで解除
⑩ スライドのカットアウト・カットイン：画面を黒くして，表示中のスライドを一時的に非表示にする
⑪ スライド番号・全スライド枚数：クリックするとスライド一覧表示。[Esc] キーで解除
⑫ ノート
⑬ ノートテキストの拡大・縮小

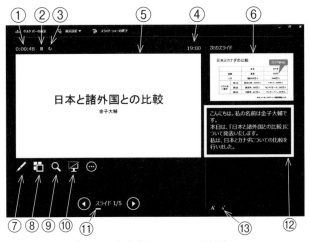

図 4.63　発表者ビューの画面構成

(5) プレゼン実行時の注意

- 話し方

適切なスピードと声の大きさで、はっきりと話すこと。原稿の棒読みにならないようにする。例えば、重要な部分をゆっくりと話したり、主語と述語を明確にして一文を短く話したり、身振りや手振りを適度に交えて表現を付けて話したりするとよい。

- 話す姿勢、立ち位置

背筋を伸ばして手を自然に下ろした姿勢で、聞き手の方を向いて話す。レーザーポインタや指示棒などはスクリーンに近い方の手で持つようにし、体がスクリーンを向かないようにする。

- 聞き手の不快感をなるべく少なくする

自分でも気付かない癖や動作に注意する。例えば、言葉に詰まった時に「えーっと」などの言葉を連発する、マイクに近づきすぎる、動きすぎるなどである。発表の練習を他人に見てもらったりビデオで撮影したりして、自分の癖を見つけ、それを減らすようにする。

- 1人1人を見ながらプレゼンする

原稿だけを見ながら話さない。なるべく聞き手に視線を向け、表情を確かめながら発表する。よく頷いてくれたり、話に反応して笑ってくれたりする聞き手は、大変心強い。そのような人を見つけるようなつもりで、1人1人に話しかけるように発表するとよい。

- プレゼン中に言い訳をしない

プレゼンの最初に「日本語が下手なので」などと謙遜する必要はない。こうした「言い訳」はプレゼンの内容とは無関係である。納得するまで準備をして、自信を持ってプレゼンする。

- 聞き手の重要性

プレゼンでは聞き手の態度も重要である。話し手と視線を合わせたり、頷いたりなど、積極的に反応すること。聞き手が発表者に対して協力的な姿勢を示すことで、発表者は安心して話すことができる。その結果、さらに良いプレゼンを引き出すことができる。

(6) 質疑応答

発表後は質疑応答を行う。発表を聞いていて疑問に思ったことだけでなく、よかった点や自分の意見なども交える。発言が長くなりすぎないよう、コンパクトにまとめて質問する。発表者は質問をメモしながら聞くようにする。質問に回答する時は、誠意を持って答える。その場では答えられない質問の場合、「今はわからないので後で回答する」、「今後の課題にしたい」など正直に答える。

(7) プレゼンの評価

プレゼンの実施後に評価（フィードバック）を行う。聞き手だけでなく，発表者が行う評価（自己評価）もある。評価する項目はプレゼンの目的に合わせて設定する。プレゼンのスキルだけでなく，発表の内容なども含めて様々な視点から評価項目を設定する。

評価はアンケート用紙に記入する形で行う。評価の方法は，5（良い）～1（悪い）から選択する5段階評価，自由記述，両者の組合せなどである。得られた評価を検討し，今後のプレゼンの改善に役立てることが目標である。以下に，プレゼンの評価項目の例を示す。

- 例1（5段階評価した上で自由記述）
  1. 話し方, 2. 発表時の態度, 3. スライドのデザイン, 4. 発表の内容, 5. 発表全体について
- 例2（全て自由記述）
  1. 発表のメインメッセージ, 2. 納得できた点, 3. あまり納得できなかった点, 4. 発表の仕方で見習いたい点, 5. 改善が必要な点, 6. そのほか感じたこと
- 例3（5段階評価のみで評価，主に自己評価用）
  1. 内容はわかりやすかった, 2. 聞き手が理解しやすい言葉を使った, 3. 抑揚を付けて話した, 4. 原稿を見ずに発表した, 5. 制限時間を守った, 6. 使用した図表は効果的だった, 7. 聞き手の役に立つ発表だった, 8. 質疑応答でよい質問が出た, 9. 質問に対し適切に答えられた, 10. 発表に自信を持てるようになった

問題 4.12 例1～3を参考に，自分なりのプレゼン評価シートを作成しなさい。

問題 4.13 2～4名でグループになり，作成したプレゼン評価シートをお互いに共有しなさい。その上で，グループで1つのプレゼン評価シートを作成しなさい。

問題 4.14 「日本と諸外国との比較」というテーマでプレゼンを実施しなさい。問題4.9で作成したプレゼンテーションを利用してもよい。

問題 4.15 問題4.14で行ったプレゼンを，問題4.13で作成したプレゼン評価シートを用いてお互いに評価しなさい。

章末問題

4.1 「日本で感じた不思議なこと」というテーマでプレゼンしなさい。自分の育ってきた国の文化と対比させるなど，不思議だと感じた背景まで踏み込んで考察できるとよい。

4.2 「私が生まれ育った場所」というテーマでプレゼンしなさい。

4.3 クラス（あるいはグループ）で1つテーマを設定し，そのテーマでプレゼンしなさい。さらに，プレゼン評価シートを作成してお互いのプレゼンを評価しなさい。

第5章
インターネットの活用

インターネット上には，政府や企業だけでなく個人でも情報の受発信が容易に行える仕組みが整っている。私たちは，インターネットの普及により世界中から多くの情報を得ることができるようになり，パソコン以外にもブラウザと呼ばれるソフトウェアを搭載したスマートフォンなどの携帯型情報端末であれば，パソコン同様にいつでもどこでもインターネットから情報を入手することができる。本章では，インターネット利用の際に必要なブラウザと電子メールを取り上げ，学習や調査活動に活かすための方法や手段について学ぶ。

第 5 章　网络应用

互联网不仅为政府和企业，也为个人提供了能轻松进行信息交换的平台。互联网的普及使我们可以获取世界任何地方的信息。除电脑之外，安装了浏览器软件的智能手机等随身型终端装置也可以像电脑一样随时随地通过互联网获取信息。本章通过对使用互联网时必需的浏览器及电子邮件的学习，掌握有效利用互联网资源进行学习及调查的方法和手段。

제 5 장　인터넷의 활용

인터넷 상에서는, 정부나 기업만이 아니라 개인에게도 정보의 수·발신이 용이하게 할 수 있는 시스템이 정비되어 있다. 우리들은 인터넷의 보급에 의해 온 세계로부터 많은 정보를 얻을 수 있게 되었으며, 컴퓨터 이외에도 브라우저라 불리는 소프트웨어를 탑재한 스마트폰 등의 휴대형 정보단말을 통해, 컴퓨터와 마찬가지로 언제든지 어디에서나 인터넷으로부터 정보를 입수할 수 있다. 본 장에서는, 인터넷을 이용할 때 필요한 브라우저와 전자 메일을 예로 들어, 학습이나 조사활동에 활용하기 위한 방법이나 수단에 대하여 배운다.

Chapter 5　Using Internet

On the Internet, not only governments and business companies but also an individual person can transmit and receive diversified information and knowledge. We can receive a lot of information all over the globe through the spread of Internet and portable terminal including smartphone with software called browser, anytime and anywhere. In this chapter, we will be studying ways and means to use in learning and research activities by introducing browser and e-mail needed to use Internet.

5.1 Web ブラウザの基本操作

インターネットの情報を得る際には，Web ブラウザを用いるのが一般的である。Web ブラウザとは，Web サーバの情報を人間に見やすく表示するために必要なソフトウェアで，単にブラウザと呼ばれる時もある。

(1) Web ページ閲覧の仕組み

情報発信者は，文字情報を HTML（Hyper Text Markup Language）という文法に従って記述し，表示に必要な画像や動画とともに WWW（World Wide Web）上にある Web サーバに保存しておく。情報閲覧者は，Web ブラウザを利用してインターネット上のいくつかの情報機器を経由し，インターネットのプロトコル（通信規約）である TCP/IP の HTTP（Hyper Text Transfer Protocol）を用いて Web サーバの情報を自身のコンピュータや情報端末で閲覧することができる。具体的な Web ページの閲覧の仕組みを図 5.1 に示す。

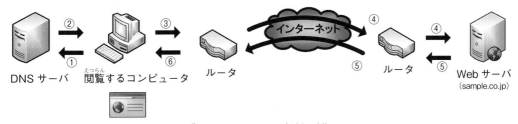

図 5.1　Web ページ閲覧の流れ

① Web ブラウザのアドレス欄に指定された URL よりドメイン名（ここでは sample.co.jp）を取り出し，その IP アドレスを DNS サーバに問い合わせる。
② DNS サーバから Web サーバの IP アドレスを受けとる。
③ 宛先として Web サーバの IP アドレス，送信元として閲覧するコンピュータの IP アドレスを付けて，閲覧要求をルータ経由でインターネットへ送り出す。
④ インターネット上の様々なルータを経由して，目的の Web サーバにたどり着く。
⑤ Web サーバは，Web ページのデータを閲覧要求したコンピュータに向けて送る。
⑥ 閲覧するコンピュータの Web ブラウザに Web ページが表示される。

(2) Web ブラウザの種類

Web ブラウザは，とても多くの種類が開発されている。OS（Operating System）によって

は機器購入時よりデフォルトで用意されているものもある。中でも代表的なものをいくつか紹介する（図5.2）。

Internet Explorer　　Google Chrome　　Firefox　　Safari　　Lunascape　　Opera

図5.2　各Webブラウザのアイコン

① Internet Explorer：マイクロソフト社が開発したWebブラウザで，通称IEと呼ばれており，Windows OSの標準ブラウザとなっている。ブラウザの中では歴史が古く利用者も多い。
② Google Chrome：2008年に公開されたGoogleが開発したWebブラウザで，モバイル用も提供されている。公開されてから利用者が急増し，地域によってはIEの利用率を上回っている。
③ Firefox：非営利企業であるMozilla Foundationが開発するWebブラウザで，Windows，Mac OS，Linuxなど多種のOSに対応している。
④ Safari：アップル社が開発したWebブラウザで，マイクロソフト社がInternet Explorer for Macの開発中止を発表してからMac OSでの標準ブラウザとなった。
⑤ Lunascape：Lunascape社によって開発・提供が行われているWindows上で動作するWebブラウザ。モバイル用にiLunascapeもリリースされており，～for iPad，～for iPhone，～for Androidなど多種のモバイルに対応している。
⑥ Opera：ノルウェーのOpera Softwareが開発したWebブラウザである。Windows，Mac OS，Linuxなど多種のOSに対応しており，モバイル版だけでなくニンテンドーDSやWiiなどの各種ゲーム機用としても提供されている。

(3) Internet Explorerの起動

　WebブラウザはどのWeb種類を用いてもよいが，ここではWindows標準となっているInternet Explorerを用いることにする。デスクトップ上のタスクバー内アイコンをクリックするとInternet Explorerのウィンドウが起動する。起動後，最初に表示されるページはブラウザのホームページに登録されたアドレスのページである。なお，Windows 8.1の場合，Internet Explorerをデスクトップ上から起動した場合と，スタート画面から起動した場合（ストアアプリ版）とでは，画面が異なるので注意する。
　また，最近のブラウザは，複数のウィンドウを開くと表示が見づらく管理しづらいので，1つのウィンドウで複数のタブを持つことが可能なタブブラウザが主流である。

(4) Internet Explorer ツールバーの機能

デスクトップ上から起動した場合の Internet Explorer のツールバーには図 5.3 の機能がある。ここでは，現在の最新バージョン Internet Explorer 11（2014 年 10 月時点）を用いる。

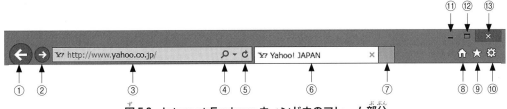

図 5.3　Internet Explorer ウィンドウのフレーム部分

① 戻る：直前に表示した Web ページを表示する。
② 進む：[戻る] ボタンで表示した Web ページから元の Web ページを表示する。
③ アドレスバー：現在表示している Web ページのアドレスが表示される。アドレスバーにアクセスしたいページのアドレス（URL）を入力して [Enter] キーを押すと，入力したアドレスの Web ページを表示することができる。URL（Uniform Resource Locator）とは，WWW 上の位置を示す住所のようなものである。
④ 検索：Windows 8.1 の Internet Explorer 11 ではデフォルトの検索サイトとして bing が設定されている。このデフォルトの検索サイトは以下の方法で変更することができる。
  1. アドレスバー右の虫眼鏡アイコンの右の▼アイコンをクリックする。
  2. 右下に表示される [追加] をクリックする。
  3. 検索サイトの一覧が出てくるので，追加する検索サイトをクリックする。
  4. [Internet Explorer に追加] をクリックする。
  5. [検索プロバイダーの追加] ダイアログが表示される。
  6. [規定の検索プロバイダーに設定する] にチェックし [追加] をクリックする。
  7. アドレスバーに検索文字を入力して [Enter] キーを押すと，規定のプロバイダーでの検索が実行される。
⑤ 更新：表示している Web ページに対して，Web サイトに最新のデータを要求してページ情報を表示し直す。キャッシュに残っている情報が表示されていると思われる場合や，ニュースなどページ情報が随時更新されるような場合に利用する。
⑥ 表示しているタブ：現在表示している Web サイトを示す。
⑦ 新しいタブ：クリックすると新しいタブが開く。
⑧ ホーム：Web ブラウザの初期表示サイトを表示する。Web ブラウザの [ツール][インターネットオプション][全般] タブのホームページに登録されたアドレスのページを表示する。
⑨ お気に入り：お気に入りに登録されたページを表示する。頻繁にアクセスするページをお

気に入りに追加しておくと一覧から選択することができ，次回以降のアクセスを簡便に行うことができる。
⑩ ツールボタン：印刷やインターネットオプションなどの設定を行うことができる。
⑪ 最小化ボタン：表示しているウィンドウを最小化する。
⑫ 最大化ボタン：表示しているウィンドウを最大化する。
⑬ ブラウザの終了：全てのタブを終了するか，現在のタブだけを終了するかを選択することができる。

ツールボタンの内容を図5.4に示す。また，図5.3のウィンドウフレームの無地部分を右クリックすると図5.5のようなメニューが表示され，選択することによりメニューバーなどを表示させることができる（図5.6）。

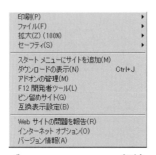

図5.4　ツールボタンの内容　　図5.5　各種ツールバーの設定画面

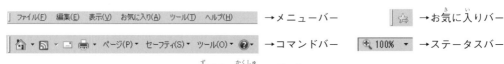

図5.6　各種ツールバー

なお，一時的にメニューバーを表示したい場合には［Alt］キーを押しても表示されるので覚えておくと便利である。また，ストアアプリ版のInternet Explorerのメニューを図5.7に表す。

図5.7　ストアアプリ版のInternet Explorer（メニュー部分）

① 戻る：直前に表示した Web ページを表示する。
② アドレスバー：現在表示している Web ページのアドレスが表示される。
③ 更新：表示している Web ページに対して，Web サイトに最新のデータを要求してページ情報を表示し直す場合や，その他設定ページから元のメニュー画面に戻る時に使用する。
④ タブボタン：現在開いている別のサイトを表示したり，新しいタブを表示したりする。
⑤ お気に入り：お気に入りに登録されたページを表示する。
⑥ ページツール：ページ検索や，デスクトップで表示したい場合などに利用する。
⑦ 進む：[戻る] ボタンで表示した Web ページから元の Web ページを表示する。

問題 5.1 Internet Explorer でホームページを表示させ，MHTML 形式で保存し，そのファイルをブラウザで開きなさい。MHTML 形式での保存は，[ファイル][名前を付けて保存] を選択して，ファイルの種類は [Web アーカイブ，単一のファイル (*.mht)] (拡張子が mht の形式) を選べばよい。

※ MHTML 形式…通常の Web ページは，HTML 文書だけでなく複数の画像や動画などのデータファイルをリンクして表示しているが，これらを1つのファイルにまとめて保存する形式。

5.2 検索サイト

インターネット上には，世界中の膨大なデータが存在している。この膨大なデータから目的のデータを短時間で効率よく検索するための Web サイトを検索サイトという。この検索サイトの情報収集の方法として，自動巡回型と登録型の2つがある。

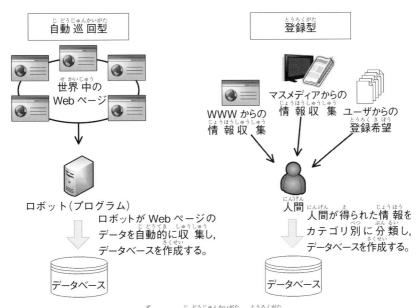

図 5.8 自動巡回型と登録型

(1) 自動巡回型

自動巡回型とは，ロボットと呼ばれる情報収集プログラムが世界中のWebサーバを自動的に巡回して最新のWebページから情報を収集し，膨大な情報を効率よくキーワードごとにデータベース化するシステムのことである。自動収集ロボットはクローラやスパイダーとも呼ばれる。クローラは一定の規則に基づいて情報収集することをcrawling（クローリング）と呼ぶことから，スパイダーはWorld Wide Web（世界を取り巻くクモの巣）の上を徘徊するSpider（クモ）と表現されることから，それぞれの言葉が利用されている。この検索エンジンを提供するWebサイトの代表的なものとして，Googleやgooなどが挙げられる。

(2) 登録型

自動巡回型に対して，Webページの概要を人間の手で分野別・カテゴリ別に分類し，データベースに登録することで目的の情報へと導いていくタイプの検索サービスである。情報を人手で登録しているため，検索結果の一覧から目的のサイトを探しやすい，またカテゴリが階層化されているため特定の分野や地域などに限定したサイトを探しやすいという特徴がある。しかし，検索対象を人手で入力するため，検索対象のサイト数は自動巡回型と比較すると少ないという欠点がある。最近では，自動巡回型と登録型を併用したハイブリッド型を利用した検索サイトも多く出現している。検索サイトの1つであるYahoo! Japanは，以前では登録型の検索サイトであったが，現在ではハイブリッド型検索サイトとなっている。

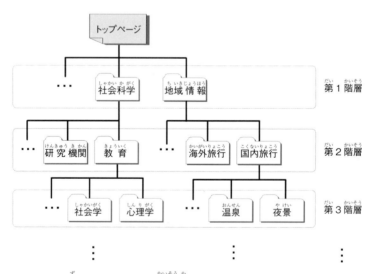

図5.9　カテゴリの階層化（Yahoo! Japanより）

(3) 目的別検索サイト

検索サイトでの情報検索が一般化していることから，ある特定の検索に特化した検索サイトが出現するようになった。例えば，住所や郵便番号から地図上の場所を検索できる地図検

索サイトや，公共機関を利用した移動の際に条件に合った行き方を検索できる乗換案内検索サイトなど，多くの目的別検索サイトが利用されている。

地図検索サイト（Mapion より）　　　乗換案内検索サイト（ジョルダンより）

図 5.10　目的別検索サイトの例

(4) 図書館の利用（OPAC）

OPAC（Online Public Access Catalog）とは，各公共図書館・大学図書館に導入されているオンライン検索が可能な蔵書目録であり，オパックまたはオーパックと呼ばれている。大学図書館については，1997 年 4 月に国立情報学研究所（Nii：National Institute of Infomatics）が Web で蔵書検索が可能な NACSIS-Webcat を立ち上げ，大学間の横断検索が可能となり，利用者の利便性が大きく向上した。2013 年 3 月には，NACSIS-Webcat に代わり CiNii（サイニィ）へ移行され，大学図書館の蔵書検索については図 5.11 の CiNii Books，日本の論文検索については図 5.12 の CiNii Articles のサイトがそれぞれ開設されている。

また，各新聞社には過去に掲載された記事検索が可能な有料サービスがあり，利用契約して OPAC からリンクが貼られて利用できる大学もあるので有効に利用するとよい。例えば，朝日新聞では「聞蔵Ⅱビジュアル」，読売新聞では「ヨミダス歴史館」，毎日新聞では「毎日 News パック」などである。契約していても利用者が多い場合は，同時アクセス数の制限により利用できない場合もあるので注意されたい。

図 5.11　CiNii Books

図 5.12　CiNii Articles

問題 5.2 検索サイトを「Yahoo! Japan」以外に 2 つ探しなさい。

5.3 検索サイトを用いた情報検索

(1) 情報検索の方法

　情報検索の方法は，得たい情報の分野やカテゴリで探索していくディレクトリ検索（図5.13）と，得たい情報に関連するキーワードを入力して条件に該当するデータを検索するキーワード検索（図5.14）がある。ディレクトリ検索は，キーワード検索と比べ得られる情報量は少ないが，階層構造となっているため視覚的にわかりやすい，人手によって登録されている情報であるため信頼性が高い，有益な情報やWebサイトが多いという特徴がある。一方，キーワード検索は，検索サイトのキーワード入力欄にキーワードを入力後，[検索] ボタンを押すか [Enter] キーを押すことにより結果が得られる。前述した自動巡回型の検索サイトでは，世界中のWeb上に存在する全ての文書データを参照可能な全文検索ができるため，得られる検索結果が膨大となり，目的の情報が得られにくい場合がある。そこで大抵の場合，複数のキーワードを入力し，目的の情報を得る。複数のキーワードを入力する際には各キーワードとの間にスペースを挟むのが一般的である。

　また，日本語で記述された検索・辞書サイトでは「○○○とは，△△△という意味である。」という説明が多く使われるため，例えば「情報」の言葉の意味を知りたい時には「情報とは」をキーワードとするなど，調べたいキーワードに「とは」をつけると早く目的のサイトにたどり着ける。

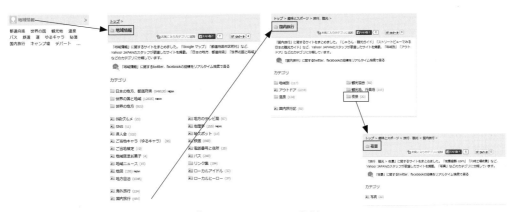

図 5.13 ディレクトリ検索

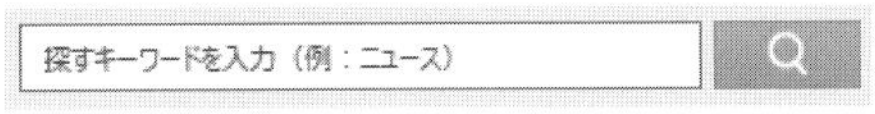

図 5.14 キーワード検索

(2) 条件検索

キーワード検索で,複数のキーワードを入力しても数多くのリンク先が得られる場合がある。この場合,さらに細かい条件を設定して絞り込む工夫が必要である。検索サイトでは,表 5.1 のような複合条件で検索が可能となっている。キーワード検索での絞り込み検索の例を図 5.15 に示す。また,検索サイトによっては,図 5.16 のような詳細な条件をオプションで設定できるようになっている。

表 5.1 絞り込み検索

検索方法	入力例	意味
AND 検索	東京 食事	「東京」と「食事」の両方のキーワードを含むサイトを検索
OR 検索	和食 OR 日本食	「和食」と「日本食」のどちらかのキーワードを含むサイトを検索
NOT 検索	食事-(半角マイナス)生もの	「食事」を含み「生もの」のキーワードを含まないサイトを検索

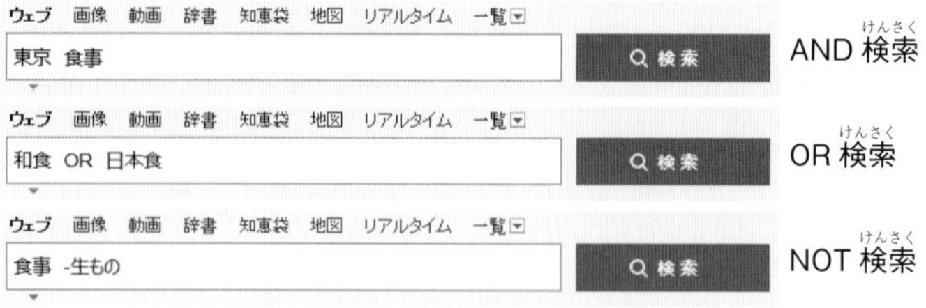

図 5.15　絞り込み検索の入力例

図 5.16　詳細検索オプション（goo より）

問題 5.3 検索サイトを用いて，キーワード検索または詳細検索オプションで，それぞれ AND 検索，OR 検索，NOT 検索を行いなさい。キーワードは自由に設定してよい。

5.4 パソコン以外の活用

(1) スマートフォン（スマホ）

日本では 2007 年に Apple 社が iPhone を発売したのをきっかけに，それまでのフィーチャーフォン（携帯電話）に代わってスマートフォンの需要が急増した。スマートフォンの特徴として，フィーチャーフォンと比べ画面が大きい，タッチパネル方式を採用しているため使いやすい，自由に利用できる無料アプリケーションが豊富にあるなどが挙げられる。

(2) タブレット

スマートフォンからノートパソコン位までの大きさで，パソコンの機能を持ち合わせている板状の携帯情報端末をタブレットまたはタブレット PC（パソコン）と呼ぶ。スマートフォンより画面が大きく，ノートパソコンより軽く持ち運びに向いているが，電話機能が付いていないものが多い。

図 5.17 スマートフォン（左）とタブレット（右）

問題 5.4 フィーチャーフォンとスマートフォンとの違いを調べなさい。

5.5 Web コミュニケーション

(1) 電子掲示板

BBS（Bulletin Board System）ともいわれ，Web 上に設置された掲示板であり，ユーザを登録すると掲示板への投稿や意見交換に参加することができる。例として「Yahoo! 掲示板」や「2 ちゃんねる」などが挙げられる。ユーザは，ニックネームや匿名を用いて参加するのがほとんどである。掲示板の題材は，階層構造で設定されている場合が多く，容易に目的の題材にたどり着けるようになっている。また，カテゴリのことを「板」，トピックのことを「スレッド」と呼ぶ場合もある。投稿する文章が短いこともあり，上手く相手に意思が伝わらず誤解や中傷が起きやすいため，匿名だからといってむやみに乱暴な言葉を使ってはならない。

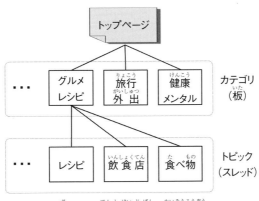

図 5.18 電子掲示板の階層構造

(2) ブログ

ブログとは，個人の出来事や趣味の活動内容などを日記形式にしてWeb上に公開したものである。Web + log（日記）の意味からWeblog（ウェブログ）が短縮され，Blog（ブログ）と呼ばれるようになった。初心者向けに作られている場合が多く，ページデザインの構図も最初から考える必要はない。あらかじめ用意されているテンプレートの中から選ぶだけで，ブログの開設が可能である。また，パソコンだけでなくフィーチャーフォンやスマートフォンからも更新が可能で，コメントや画像などを用意するだけで比較的容易にサイトの更新ができる。図5.19は，ブログの代表の1つであるAmeba（アメーバ）のログイン画面である。

図5.19 Ameba（アメーバ）ログイン画面

(3) SNS

SNSとは，ソーシャルネットワーキングサービス（Social Networking Service）を表し，インターネット上で趣味などが同じ人同士で，情報を共有するサービスである。フィーチャーフォンやスマートフォンなどのモバイル端末にも対応しており，災害時などの連絡手段としても期待されている。

表5.2 SNSの種類

種類	特徴
Facebook（フェイスブック）	原則，ユーザは実名で登録する。アプリケーションなどが充実しており，非常に多機能である。2012年1月に登録ユーザ数は世界で8億人を突破した。
mixi（ミクシィ）	匿名（ニックネーム）で利用できるため，比較的簡単に参加することができる。ブログ（日記）が中心で，趣味や嗜好の合う人たちと交流が可能である。
Twitter（ツイッター）	tweet（ツイート）と呼ばれる短文を投稿・閲覧できる。情報の速報性が高い。tweetは英語で「鳥のさえずり」の意味であるが，日本では「つぶやき」と解釈されている。
GREE（グリー）	ブログ（日記）が中心で，ユーザの誕生日が近づくと友人にメールで通知され，寄せ書きできる機能などがある。ゲームの種類が充実している。
LINE（ライン）	無料でメッセージ交換や音声通話ができるサービスで，電話番号の登録だけで利用できることもあり，近年になって急速にユーザ数を増やした。2014年4月に登録ユーザ数が世界で4億人を突破した。

(4) e-ラーニング

インターネットなどを利用して行う学習をe-ラーニング（electronic-learning）と呼び，主にWebを利用することから，WBT（Web Based Training）ともいわれる。教員と学生が同じ場所にいなくても，自分の都合のよい時に教材（コンテンツ）を閲覧することができ，オンラインでの遠隔授業や通信教育などに利用されている。e-ラーニングを行うためには，教材管理や学習者の進捗状況を管理する学習管理システム（LMS：Learning Management System）を構成する必要がある。LMSには，商用版ではWebCT，無償版ではMoodleなどがある。なお，スマートフォンやタブレット端末など，携帯可能な機器を利用したこのシステムをm-ラーニング（mobile-learning）と呼んでいる。

学習サイトとしては，無償でコンテンツを提供するところも出てきている。大学ではCoursera（コーセラ）などのMOOC（ムーク：Massive Open Online Courses）が海外において開設され，インターネットの環境さえあれば，いつでも誰でも無償で大学の講義を受講することが可能である。日本でも，2014年春より日本オープンオンライン教育推進協議会（JMOOC）公認の情報サイトgacco（ガッコ）が開設されている。

また，高等学校の内容においても，図5.20のように大学受験の勉強を目的として，有志により運用・更新されている無償サイトmanavee（マナビー）がある。

図5.20　manavee（トップページ）

(5) ソーシャルメディア

Webブラウザでユーザが指示するだけで，Webページのデザインを自動的に修正・構築できるシステムをCMS（Contents Management System）という。このCMSを用いて，不特定多数の人が追加・削除など内容を編集できるシステムをWikiと呼ぶ。Web上の百科事典と

して知られる Wikipedia（ウィキペディア）は代表的なサイトである。語源の WikiWiki（ウィキウィキ）はハワイ語で「速い」を意味しており，これを略したもの（Wiki）と百科事典（Encyclopedia）を組み合わせている。

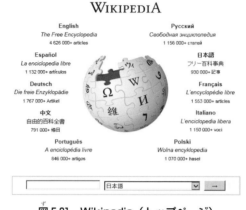

図 5.21　Wikipedia（トップページ）

また，情報技術の進歩に伴うメディアの多様化により，「YouTube」，「GyaO!（ギャオ!）」，「ニコニコ動画」など，文字や画像だけでなく音声や動画を扱うサイトも出てきている。

問題 5.5　(1) 無料ブログサイトの特徴を挙げなさい。
　　　　　　(2) SNS 利用の際に，どのような点に注意しなければならないかを考えなさい。
　　　　　　(3) e-ラーニングや m-ラーニングはどのような内容に利用されているか調べなさい。

5.6　Web 活用上の注意

(1) 表記の揺れとシソーラス

　日本語には，「引越」と「引っ越し」，「漫画」・「マンガ」・「まんが」など，同じ意味を持つ言葉でも違う表記が存在する。このことを表記の揺れという。Yahoo! Japan など，検索サイトによってはこの表記の揺れに対応しているサイトもある。表記の揺れを含まず，その単語のみで検索をしたい場合には，キーワードの前後に「"」（半角ダブルクォーテーション）を付ける。

　また，「日本」と「Japan」のように同じ意味を表す同義語や「教師」と「先生」のように互いに意味が似かよっている類義語などを分類・整理した語彙集をシソーラスといい，類語辞典ともいわれる。最近では，分野ごとにデータベース化されたシソーラス検索サイトが多く存在している。

(2) 情報の信頼性と信憑性

Webサイトの場合，個人が発信する情報も多いため，全ての情報が正しいとは限らない。正確な情報を得るためには，必ず複数のWebサイトと比較・検討してみる必要がある。マスメディアから発信される情報についても，同じ話題でも新聞社が異なれば論調や視点が異なるので，複数のマスメディアから情報を入手するべきである。

また，Webページを利用した業務を行っている業者などは，自社のWebページが検索結果の最初の方にくるかどうかが売上に結びつくため，SEO（Search Engine Optimization）対策を行っているWebサイトもある。SEOとは，特定の検索エンジンにおいて，検索結果が上位に現れるようにWebページを作成すること，およびその技術のことで，サーチエンジン最適化ともいわれている。

これらのことから，目的のリンク先を発見したからといって，記載されている情報を鵜呑みにせず，情報の信頼性や信憑性を十分に確認する必要がある。

(3) Web利用上の注意点

インターネットは情報化社会において今や存在が当たり前であり，いつでもどこでもネットワークを利用して情報検索ができるなどといった，インターネット利用についてのよい部分，すなわち「光」の部分が強調されがちである。しかしながら，有料にもかかわらず内容をよく読まずに画面をクリックしてしまい後日料金を請求されたり，購入する意思がないのにクリックしただけでいつの間にか商品購入となっていたりなど，よくない部分，すなわち「影」の部分があることに注意しなくてはならない。また，電子メールなどを利用して本物そっくりのWebサイトに誘導し，ログインIDやパスワードを入力させてアクセス権限を盗みとるなどのサイバー犯罪が増加の傾向にあるので，巻き込まれないように注意が必要である。

問題 5.6 (1) 表記の揺れ，同義語をそれぞれ2組ずつ挙げなさい。
(2) 国内で起こるサイバー犯罪の年間発生件数（検挙件数）とその内訳を調べなさい。

5.7 電子メール

(1) 電子メールの送受信の仕組み

メールの送受信には，インターネットのプロトコル（通信規約）であるTCP/IPのSMTP（Simple Mail Transfer Protocol）（送信）やPOP（Post Office Protocol）またはIMAP（Internet Message Access Protocol）（受信）が用いられている。例としてstudent@sample.ac.jpにメールを送る場合，図5.22のようなやりとりが行われる。

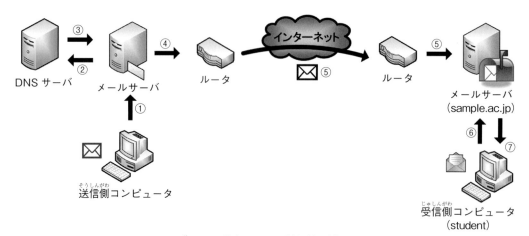

図 5.22　電子メールの送受信の流れ

① 送信側のコンピュータから，送信側のメールサーバ（SMTP サーバ）にメールのデータが送られる。
② 送信先のメールアドレスからドメイン名（ここでは sample.ac.jp）を取り出し，そのドメインのメールサーバ（POP サーバまたは IMAP サーバ）の IP アドレスを DNS（Domain Name System）サーバに問い合わせる。
③ 送信側のメールサーバは，DNS サーバから受信側ドメインのメールサーバの IP アドレスを受けとる。
④ 送信側のメールサーバは，メールのデータに宛先が受信側のメールサーバの IP アドレス，送信元が送信側のメールサーバの IP アドレスを付けて，ルータを経由しインターネット上へ送信する。
⑤ インターネット上からルータを経由し，受信側のメールサーバにたどり着き，ユーザ（student）のメールボックスに一時的に保存される。
⑥ メールを受信するコンピュータは自分宛（student）のメールがきていないか受信側のメールサーバに確認し，メールがきていれば受信要求をする。
⑦ 受信側のコンピュータにメールが届く。

(2) 電子メールを利用するためのソフトウェア

　　電子メールの送受信に用いられるソフトウェアは，メールソフトや MUA（Mail User Agent），メーラーなどと呼ばれ，市販されているシェアウェアと無料で利用できるフリーウェアがある。フリーウェアには，Windows では Windows live メール，Mac OS では Mail など基本ソフトと呼ばれる OS（Operating System）に付属しているソフトウェアや，非営利団体 Mozilla の Thunderbird，Web メールでは Yahoo の Yahoo! メールや Google の Gmail などがあり，幅広く開発されている。Web メールは，ブラウザさえあれば場所や情報端末に関係

なく自由に電子メールのやりとりをすることができるため，自宅だけでなく外出先や大学内でメールを送受信することができるなど，メールの利用範囲が広いのが特徴である。

(3) Active! mail の利用

電子メールの利用には，アカウント（またはユーザ ID）とパスワード，およびメールアドレスを入手し，入手したアカウントとパスワードを用いてログインを行う。ここでは Web メールの代表として「Active! mail」を紹介するが，大抵の Web メールでは後述する機能はほとんど搭載されている。図 5.23 は，Active! mail のログイン画面である。「ユーザ ID／パスワードを保存する」にチェックを入れると，次回ログイン時より，ユーザ ID とパスワードを入力しなくても自動的に入力され，[ログイン]を押せばログインできるが，第三者による「なりすまし」などセキュリティ面に注意する必要がある。

図 5.23 Active! mail ログイン画面

ログインすると図 5.24 のようなメールホーム画面となる。組織によっては図 5.24 の右下「メールボックス使用量」のようにクオータ（保存容量制限）を設定しているところもあり，各自の最大保存容量を超える前に不要な受信メールや送信済メールを削除しないとメールの送受信ができなくなるので注意が必要である。

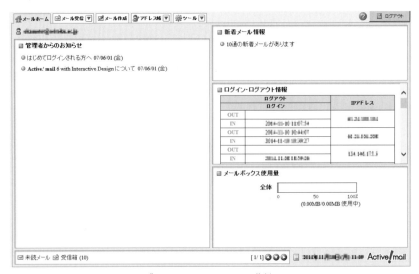

図 5.24　メールホーム画面

［メール受信］タブの▼を押して，［受信箱］を選択すると図 5.25 のような受信メールを見ることができる。左側のメニューの中に独自のフォルダを作ることができ，受信メールを整理すると後で探しやすくなる。また，「メール操作」内の「ゴミ箱を空に」を実行しなければ，単にメールを削除しただけではメールボックス使用量が減らない場合があることにも注意されたい（管理者の環境設定による）。

図 5.25　メール受信画面

(4) メールの作成

[メール作成]タブを押すと別ウィンドウが起動し，図 5.26 のメール作成ウィンドウが現れる。[メール受信]の[返信]を選択しても同じウィンドウが起動するので，宛先，件名，本文など必要事項を記入し，下部の[送信]ボタンを押すと相手に送信される。

① 宛先（To）：送る相手のメールアドレス。
② 同報（CC）：Carbon Copy の略で，宛先以外に複数人へ送る時に利用する。
③ BCC：Blind Carbon Copy の略で，他人に受信者を知られたくない場合に用いる。
④ 件名：短い文章でわかりやすい内容にする。
⑤ 本文：簡潔にわかりやすい文章にする。
⑥ 署名：送信メールの最後尾に入り，送信者の情報を表す。(6) 署名の設定 を参照。
⑦ 添付ファイル：他のソフトウェアで作成したファイルを一緒に送ることができる。メールサーバによって送付できる最大容量が決められているので，最大容量を超える場合にはファイルを ZIP などに圧縮するか，外部のファイル転送サービスなどを利用するとよい。

図 5.26 メール作成画面

(5) メールの引用

送られてきたメールを返信する際に，相手の文章を用いて返信することを引用といい，ある質問に対しての回答を行う場合などに利用される。引用する際には図 5.27 のように文頭へ「>」などを入れると，どの部分を引用したのかがわかりやすくなるが，多くのメールソフトでは自動的に文頭に引用のマークが付く。あまり引用する部分が多いと読みづらくなり，返信

内容が正確に相手へ伝わらないこともあるので，引用は必要最低限に留める。

```
○○様

>  △月△日にお会いしたいと思いますが，
>  ご都合はいかがでしょうか？

△月△日，大丈夫です。
よろしくお願いいたします。
```

図 5.27　受信メールからの引用例

(6) 署名の設定

　図 5.26 の下部のように，メールを送る際に，本文の下へ送信者の情報を自動で入れることができ，この機能を署名（signature）という。必須とする項目ではないが，就職活動やビジネスで利用する場合には署名を付けるのが一般的である。［ツール］タブを押すと，図 5.28 のツール選択画面となり，このメニューの中に署名作成の項目がある。署名の内容としては，学生の場合には，学校名，所属，氏名，メールアドレスなどを入れ，社会人の場合には，会社名，所属部署，氏名，メールアドレス，連絡先などを入れる。

図 5.28　ツール選択画面

```
------------------------------              ------------------------------
日本情報大学　情報教育学科                  日本情報教育株式会社　営業部
　富士山　登                                　富士山　登
noboru.f@edu.njyohou.ac.jp                  noboru.f@biz.njyohou.co.jp
------------------------------              TEL/FAX　012-3454-3210
                                            ------------------------------
```

図 5.29　署名の例

問題 5.7　(1) 自分のメールアドレスに添付ファイル付きのメールを送り，届くことを確認しなさい。
(2) (1)で受信したメールを用いて添付ファイルを保存しなさい。

章末問題

5.1 次のサイトの URL を調べ，Web ページを確認しなさい。
(1) 京都大学
(2) 共立出版

5.2 Web を利用して次の問題に取り組み，問いに対する答えとそれを調べた Web ページの URL を記述しなさい。
「日本へ留学している外国人の出身国別および年間人数の上位 3 件」

5.3 お互いにメールアドレスを知らない人たちへ一斉にメールを送信する際に，メールアドレスは To，CC，BCC のいずれに入れるべきか答えなさい。

5.4 電子メールを送信する際，空メールのように件名や本文を空白にして送信すると相手に送れない場合があるが，その理由を考えなさい。

第6章
情報倫理―インターネット社会と情報倫理―

　本章では，インターネットを中心とする情報社会での情報倫理について学修する。高度情報通信技術の著しい進化は，情報社会の進展に寄与する反面，様々な問題をもたらしている。このような情報社会における「光」と「影」を再認識し，情報の特性を理解しなくてはならない。その上で，情報倫理を法的な側面と道徳的判断の側面から捉えて学修する。私たちの身近で発生している問題事例を挙げて，なぜそのような問題が生じるのかを考え，情報社会の一員として情報を適切に活用し，情報に対して責任のある態度で実践できる能力の修得を目的とする。

第 6 章　信息伦理　―网络社会与信息伦理―

　本章学习以互联网为主的信息社会的信息伦理。现代信息通讯技术的突飞猛进为信息社会的发展做出了贡献，但也带来了各种各样的问题。我们必须对信息社会的正、负面效应进行重新认识，理解信息的特性。在此基础上，从法律层面及道德层面学习信息伦理。本章还将列举身边发生的负面问题，思考为什么会发生那样的事。我们作为信息社会的一员应正确地使用信息、本着负责任的态度掌握能实际运用信息的能力。

제 6 장　정보윤리 – 인터넷 사회와 정보윤리

　본 장에서는 인터넷을 중심으로 한 정보사회에서의 정보 윤리에 대해 학습한다. 고도정보통신기술의 현전한 진화는 정보사회의 진전에 기여하는 반면, 여러 가지 문제를 가져오고 있다. 이 같은 정보사회의 빛과 그림자를 재인식하고, 정보의 특성을 이해할 필요가 있다. 게다가 정보윤리를 법적인 측면과 도덕적인 판단의 측면에서 파악하여 학습한다. 우리들의 주위에서 발생하고 있는 문제사례를 들어서, 왜 그 같은 문제가 생기는 것인가를 생각하여, 정보사회의 일원으로서 정보를 적절하게 활용하고, 책임 있는 태도로 실천할 수 있는 능력의 취득을 목적으로 한다.

Chapter 6　Information Ethics―Internet Society and Information Ethics

　In this chapter, we will be studying information ethics on information society centered on

Internet. Meanwhile marked evolution of advanced information and communication technology contributes development of information society, gives various problems in society. We need to rediscover both merit and demerit of information society and to understand characteristics of information. In accordance with these essentials, we will be studying information ethics based on both legal aspects and moral aspects. We will be introducing cases happened close at hand, then considering why these problems occurred. And we aim to master abilities of using information appropriately as a member of information society and to implement treatment of information with a responsible attitude.

6.1 情報倫理の重要性

情報倫理とはどういうものか，そしてなぜ重要なのか考えてみよう。

(1) 情報社会と倫理

インターネットを中心とする情報社会においてネット環境などによる差はあるが，世界中とつながった人々は，あらゆる情報を世界規模で共有し活用している。パソコンやスマートフォンなどの機器機能の技術的進化に伴い，情報を不正に扱う問題が激増しているが，問題が発生した後に法的・技術的な対策がとられているのが現状である。しかし，法的・技術的な対策だけでは，健全な情報社会を創造することはできない。なぜなら，情報を扱っているのが「人」であり，その行為は各人にゆだねられているからである。すなわち，各人が情報に対する不正を行ってはいけないという自覚と責任を認識し，自分を律した人格を持つことが重要となる。情報倫理とは「情報社会で生活する人類共通のルール」[1]であり，それを遵守できる高い倫理観・道徳性が求められる。

(2) 情報倫理教育の課題

私立大学情報教育協会は，1994年に情報倫理の定義を「情報化社会において，われわれが社会生活を営む上で，他人の権利との衝突を避けるべく，各人が最低限守るべきルールである」[2]と定めた。しかし，情報倫理教育の教育内容は，被害者にならないための知識や技術を理解することが中心であった。また，加害者にならないことを目的とした教育は，「〜をしてはいけない」という法や規制の方向から行われていた。これらは倫理観を育てるには不十分な内容であったが，日本の情報教育全体がこの傾向であったことは否定できない。

近年，不適切に情報を取り扱う者が著しく増加している。例えば，不正アクセス，誹謗中傷，人権侵害，著作権侵害，個人情報の漏洩など，知識や技術の理解はあっても，情報の発信や取り扱いに責任を持った判断ができていないのである。この判断とは，他者や社会に被害を与えないように，社会正義に則して自分を律するという倫理観・道徳性を伴った判断のことである。このような心を育てる教育が，現代の情報倫理教育の最重要課題となっている

(※ 私立大学情報教育協会の情報倫理教育振興研究委員会は，適切な情報の取り扱いを判断できる能力の育成を目指して，2010年に「情報倫理教育のガイドライン」[2]を策定した)．

6.2 情報の特性[3]

私たちの日常生活には，多種多様な情報があふれている．人から聞くことに始まり，テレビ，ラジオ，雑誌，新聞，インターネットなど，情報を得る機会は様々である．特にインターネット上では，情報は即時に広範囲に伝達され，あらゆる人たちに共有されていく．その視点から，情報の特性について考えてみよう．

(1) 情報の価値

情報は，送り手（発信者）と受け手（受信者）との関係で成り立っている．そして，発信された情報の価値は，受けとる人によって異なる．つまり，情報に対する興味・関心や価値観は，人によって捉え方が違う．また，同じ情報であっても，受信者が求めている状況でタイミングよく取得でき有効活用できる場合は，その価値は上がる．一般的に，新しい情報，必要・貴重な情報，さらに，入手困難な情報や希少な情報であればあるほど，それらの情報の価値は高くなる．

(2) 情報の広範性

情報はその場に留まっていては意味をなさず，他者に伝えられることによって情報としての意味を持つ．伝えられるという過程で，人から人へと次々にコピーされて広がっていく．情報を受けとる人（受信者）が多ければ多いほど，次に伝える人（発信者）の人数が増加していく．このような繰り返しが行われて情報は広く伝わっていく．テレビ，ラジオ，インターネットなどの情報を伝える手段を介して発信した場合は，それらのメディアの向こう側にいる大人数の受信者に，一瞬にして広範囲に伝達され拡散されていく．

(3) 情報の一方性

発信された情報は，繰り返し伝達されていくことによってどこまで拡散しているのかを確定することは非常に難しい．中でもインターネット上に流された情報は，インターネットの波の中を1人歩きし，どんどん進行している状態である．情報が広範囲に拡散されればされるほど，情報の行き先を確定するのは不可能になる．

(4) 情報の保存性

情報は，物質としての形がないため，いつまでも受けとった人の元に残っている．例えば，自分の持ち物を他者にあげる（渡す）と，自分の手元からはなくなってしまう．しかし，情報は形のある物質的な存在ではないため，他者に渡しても自分の手元からなくなることはない．

(5) 情報の不滅性

情報は，一度発信されると拡散され，その行き先を全て特定することはできない。それゆえに，不都合な情報を完全に消去したくても実際には不可能であり，その情報は広がった先のどこかにいつまでも存在している。

(6) 情報の信憑性

発信された情報が，真実なのか偽りなのか不確かなことがある。発信者が単なるミスや間違った解釈のもとで情報提供している場合や，悪意の意図で誤情報を流している場合もある。最初の発信からそのような場合もあれば，正確な情報であっても次々に伝達され拡散していく過程で情報が歪められる場合もある。

表6.1 情報の特性

①情報は人によって価値が異なり，必要性，重要性が高いほど価値は高い。
②情報は，発信者→受信者の繰り返しによって広範囲に伝達され，拡散されていく。
③拡散された情報は，どこまで広がっているのかを特定することは不可能である。
④情報は，形のある物質ではないため，他者に渡しても自分の元にも残っている。
⑤一度伝えられ拡散された情報は，全て消去したくても不可能である。
⑥全ての情報が真実であるとは限らない。発信者のミスや解釈の相違，悪意を持った意図などにより，誤情報や歪められた情報もある。

[参考] 松原伸一：ディジタル社会の情報教育，開隆堂 (2002)

問題6.1 私たちは常に何らかの情報を，必要に応じて受けとり役立てている。例えば，「気象情報」のように，私たちの日常にある「●●情報」という言葉を挙げてみよう。

問題6.2 それぞれの「情報の特性」に関して，インターネット社会でどのような問題が発生しているだろうか？　みんなで話し合って具体例を挙げてみよう。

6.3 情報社会の「光」と「影」

いつでもどこでもインターネットを利用することができる社会を「ユビキタス社会」という。インターネット機能を持つ携帯電話やスマートフォン，タブレット型端末などの普及で，24時間，場所に関係なく，手軽に情報を発信・受信することや，人とつながることが可能になった。インターネットは，利便性・即時性・広範性の点で非常に優れているが，そこに潜む危険性や脆弱性を忘れてはならない。そのような背景のもと，私たちの生活に浸透しているインターネットは，情報社会にどのような「光」と「影」をもたらしているのかを考えてみよう。

(1) 情報社会の「光」

　私たちの生活を振り返り，どのようなインターネット利用をしているのか思い浮かべてみよう。若者が多く利用しているのは，e-mail，Twitter，Facebook，LINE，ブログ，電子掲示板（以下，掲示板），チャットなどのコミュニケーションサービスや，情報の検索である。さらに，ネットショッピング，チケット予約，ゲーム，動画サイトの閲覧，音楽や動画などのダウンロードなどがある[4]。そのほかに，行政，経済，教育の面などにおけるインターネットの有効利用として，住民票などの電子申請・届け出，緊急災害情報，ネットバンキング，e-learningや電子図書館なども挙げられる。

　このように，世界への広がりを持った様々なインターネットのサービスは，社会生活に深く浸透し，便利で効率のよい社会を築いている。このインターネット社会の人々が適正な判断で情報活用をする限り，ネット上の犯罪やトラブルはほとんど発生しないだろう。また，世界規模のつながりは，同じ目的の人たちが集まれば大きな力となる。

　ここで，東日本大震災の時に，遠く離れていても何か役に立ちたいと思った人たちが，インターネットを通して協力し，迅速なネット活用ができた事例を紹介したい[5]。

■パーソンファインダー（Person Finder）―被災者の安否情報サイト―

　2011年3月11日14時46分に発生した東日本大震災は，地震と大津波によって甚大な被害を起こし，多くの人々の命を奪った。電話回線や道路も寸断され，電気，ガス，水道などのライフラインも機能しない中，点在している避難所に，多くの被災者が続々とたどり着いてきた。

　震災の数時間後には，Googleのパーソンファインダーが開設された。これは点在する避難所の名簿を共有し，被災した家族や友人の安否を確認することを目的としたサイトである。瞬く間に，携帯電話のカメラ等で撮影された避難所の名簿画像が次々と送られてきた。そこで当サイトから，何万人もの被災者の名前をテキストとしてデータ化する協力を呼びかけた。インターネットを通した全国のボランティアによって，2週間で14万人以上の被災者情報がデータベース化された。2011年5月18日の時点では，約623,700件のデータが登録された。また，警察庁，地方公共団体や一部マスコミなどから提供されたデータも登録され，安否情報を共有した。

［参考］総務省　平成23年版　情報通信白書

---

(2) 情報社会の「影」

　光が当たれば，必ず反対側に影ができる。インターネットの優れた特性（利便性，迅速性，広範性）が裏目となり，リスクや問題が発生している。

　インターネット上では，デジタル化された文字（文章）や画像，映像，音声などの情報が共有され，情報活用されている。デジタル化されたデータは，劣化することなく簡単にコピーできる。また，コミュニケーションサイトでは，たいてい，匿名で情報のやりとりができる。これらの点も情報社会の影を助長する要因となっている。

　第6.2節で解説した「情報の特性」に照らして考えてみよう。例えば，自分自身の不都合な情報がインターネット上に出たとする。自分にとっては不都合でも，他者はその情報に興味があり，欲しいと思っている（情報の価値）。そして，情報は簡単にコピーされ，無責任な他

者によって次々と伝えられて広がっていく（広範性）。もし，書かれているサイトを見つけて，Webサイトの管理者に削除を要請しても，管理者全員が対応してくれるとは限らない。しかも，その不都合な情報のコピーがどこまで拡散されたのか，全ての行き先を突き止めるのは不可能である（一方性）。また，次の人に情報を伝えて渡しても，伝えた人の手元にも残っている（保存性）。情報の行き先を追いかけ，削除を要請して回っても，インターネット上のどこかに，見つけ出せない情報が必ず残っている（不滅性）。

インターネット上にあるサイトは，情報社会を豊かに過ごすためのWebサイトが大半である。しかし，出会い系サイト，悪徳商法，違法薬物や拳銃などの売買サイト，児童ポルノやわいせつ映像の違法販売サイト，学校裏サイト，復讐を請け負うような闇サイトなど，多種多様な違法，危険なサイトが存在し，それらの情報が氾濫している。

一方，ブログや電子掲示板，Facebook，Twitter，LINEなどのSNS（Social Networking Service，以下SNS）など，インターネットを介したコミュニケーションが活発に行われている。しかも匿名性が高いため，安易に無責任な立場で情報を取り扱ってしまう傾向が強い。発信された情報や内容が，誹謗中傷や人権侵害，著作権侵害，個人情報の漏洩などにつながり，数々の問題を起こしている。

携帯電話やスマートフォン，タブレット端末などは，いつでも・どこでも手元に置かれ，まさにインターネットと同期しているかのように活用されている。それだけに，ちょっとしたミスや不適切な情報発信・活用が，即座に大きな問題へと発展してしまうことがある。後で悔いても，一度情報を発信してしまったら，末端にある情報まで修正し，取り戻すことは事実上不可能である。

6.4 著作権[6]

著作権には，実は多種類の著作者の権利があり，複雑である。ここでは，知的財産権の中の著作権について学修しよう。

(1) 著作物と著作者

人が，自分の考えや感情，感性を創作的に表現したものを著作物という。小さな子供が作ったものであっても，創作的な表現であれば著作物である。著作物の種類には，言語（小説や論文など），音楽（歌詞），美術（絵画，彫刻，書など），映画，写真などがある。著作者はこれらの著作物を創作した時点から，著作者としての権利（著作権）を持つことになる。

例えば，幼児が可愛がっているネコを描いたとする。どう見てもネコの絵とは思えなくても，これは立派な著作物であり，幼児はその絵の著作権を有する著作者である。

(2) 著作権の種類

知的財産権（知的所有権）の中には，大別して，著作権と，産業財産権（工業所有権）が

ある。その著作権の中に，著作者が持つ権利の「著作権」と著作隣接権がある。
　著作隣接権とは，著作物を公衆に伝達する重要な役割を担っている者（歌手などの実演家，レコード制作者，放送・有線放送の事業者など）に，認められた権利である。
　知的財産権と「著作権・著作者の権利」までの著作権の関連を，図6.1で確認しよう。

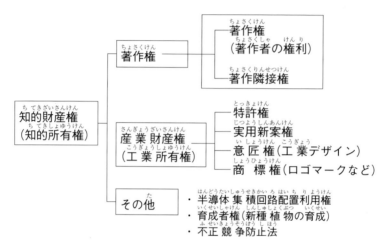

図6.1　知的財産権の種類

　次に，「著作権・著作者の権利」には，著作人格権と著作権（財産権）とがある。
　著作人格権は，著作者だけが持つ権利で譲渡できない。財産権としての著作権は，譲渡できるが，譲渡してもその著作物の著作人格権は著作者に保持される。この著作権（財産権）は11種類あり，それぞれの権利は，著作物を他者が利用する時にその利用内容に応じて別々に独立して発生する権利である。他者が著作物を利用する時，これらの権利のどれにあたるのかを考えなければならない。報酬を支払う場合もあれば，著作者の許諾を得るだけでよい場合もある。一般に著作者は，著作物を利用する者から権利の利用に関して報酬を得ることができる（例えば作曲者は，自分の曲を他者が演奏する場合に演奏権の利用として報酬を請求できる）。著作権の財産権には，どのような権利があるのか図6.2で確認しよう。

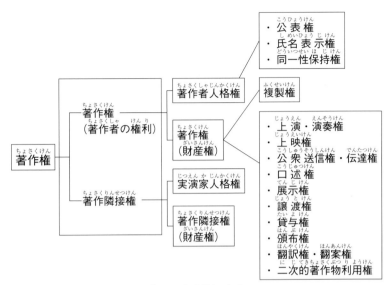

図 6.2 著作権の種類

　本来ならば，他者の著作物を利用する時は，全て著作権に対する許諾や使用料を支払わねばならない。しかし，現状はそこまで厳密というわけではない。また，著作権法では，「個人的にまたは家庭内その他これに準ずる限られた範囲」として，個人的にだけ楽しむためのコピーは許されている。

　デジタル化されたデータはコピーが簡単にできるため，違法コピー（複製権に抵触）や，インターネット上での音楽や映像の違法配信（公衆送信権，伝達権に抵触）が横行している。そこで，平成24年10月1日から，販売または有料配信されている音楽や映像は，たとえ自分だけのための利用であっても，違法配信されているとわかりながらダウンロードすると刑罰に処されるよう法改正された。ほかにも，コピー防止機能をはずしてDVDのコピーを行った場合は違法となり，この機能をはずすプログラムを作成・譲渡した場合は刑罰を受ける。

　大学では，学生が作成したレポートや論文に，他者のレポートや論文，書籍などの常識を超えた丸写しが見られる。特に，インターネット上の他者の考察や解説などをそのままコピー＆ペーストして，あたかも自分の考察のように用いている場合が多々ある。もちろん，他者の考察や文献を調べて参考にするのはよいことだが，それを自分の中に取り入れて解釈した上で，自分の考えを述べるようにしなければならない。また，そのままの文章を常識の範囲で引用した場合や，全体的な考えや部分的な箇所で参考にした場合も，文献やURLなどの出典を明記する必要がある。

6.5　個人情報

　「この懸賞に応募してプレゼントをもらおう！」，「旅行に関するアンケートに回答して，旅

行券を手に入れよう!」などのような懸賞やアンケートに応募したことはないだろうか。応募の際には,氏名,住所,年齢,性別,生年月日を基本として,職業,学歴,家族構成,趣味なども記入する欄がある。これらは全て個人情報である。それでは,個人情報とは何だろう。

　日本では,「個人情報の保護に関する法律」(略：個人情報保護法)が,2003年5月30日に制定された。ここでは個人情報を,「生存する個人に関する情報であって,当該情報に含まれる氏名,生年月日その他の記述等により特定の個人を識別することができるもの(他の情報と容易に照合することができ,それにより特定の個人を識別することができることとなるものを含む。)をいう。」[7]と定義されている(個人情報の保護に関する法律 第一章第二条)。言い換えると,「生存する個人を特定できる,個人に関する情報」と捉えることができる。その情報だけでは個人を特定できなくても,組み合わせることによって特定できる情報も含まれる。

　個人情報の具体例を表6.2に挙げる。

表6.2　個人情報の具体例

基本的事項①	氏名,住所,年齢,生年月日,性別など
基本的事項②	電話／携帯番号,メールアドレス,職業,国籍など
家庭生活関連	家族構成,婚姻歴,住居形態など
社会生活関連	勤務先,通学先,職歴,学歴,資格,賞罰,成績など
経済関連	資産,収入,負債,納税額,信用情報(金融関係)など
登録番号関連	学籍番号,運転免許証,資格免許,パスポートなど
その他	血液型,趣味,宗教,病歴,犯罪歴など

　基本は本人の「氏名」である。氏名はそれだけで個人情報と考えられている。もちろん,氏名と他の情報を組み合わせると,より確実に個人を特定できる。氏名がなくても,学籍番号と通学先の情報があれば,「○○大学に通っている○○さん」というように個人を特定することができる。また,個人を特定できる映像や画像は,それ自体で特定できる個人情報である。インターネット上では,発信された情報を組み合わせることによって,容易に個人を特定されてしまう危険性がある。

　ここで,個人情報を特定される被害にあった,ある女子大生の事例を挙げる。

> **■ 私の個人情報がこんなに漏れていたとは……!!**
>
> 女子大生のAさんは、遅くまで仲間と居酒屋で飲み会をした。ビールやお酒などを、結構飲んで酔っていた。しかし、自分で車を運転して帰った。事故を起こさないように! 飲酒運転で捕まらないように! とヒヤヒヤだったが、なんとか自宅に帰り着いた。Aさんは、なんだか嬉しくなって、早速ブログに、「飲酒運転成功!!」という内容で、飲酒運転がばれずに上手く家に帰ったことを自慢して書き込んだ。
>
> この記事を見つけた人が、他の掲示板に「こんな無責任で危険なことをしている人がいる!」と、この記事のあるURLを記した。すると、この掲示板上の人達はAさんに反感を抱き、「さらしだ!」(※注1)と、Aさんの情報を集め出した。
>
> 掲示板の住民と呼ばれる人たちは、Aさんのブログや他のサイトの過去ログなどから、Aさんと思われるわずかな書き込みや記事を、巧みな手段を駆使して見つけ出し、そのURLの情報を共有しあった。ついに、収集した情報を総合しAさんを特定した。そして、Aさんの氏名や住所、家族や友人の情報、顔写真などをインターネット上に流した。
>
> Aさんのブログには、誹謗中傷や、歪められた情報、誤情報などが膨大に書き込まれ、Aさんのブログは炎上 (※注2) した。個人情報をインターネット上に公開されたAさんは、いつでも・どこでも、人に見張られているような、不安な生活を強いられることとなった。

※注1：ターゲットとなった個人の情報を、ネット上に公開して「晒す」こと。
※注2：ブログなどのコメントに批判的な書き込みや誹謗中傷などが殺到すること。
　　　 それによってブログを閉鎖する場合がある。

　女子大生Aさんは、本来ならば法的処罰を受ける飲酒運転をしていた。それを軽く考えて自慢げにネット上で仲間に伝えたことが原因である。掲示板の人たちは正義感からAさんを戒めようとしたのだろうが、個人情報を特定し流すというのは倫理に反している。また、正義を装ってAさんを「晒す」ことに面白半分、興味本位で参加している人も多い。Aさんはインターネット上に流された個人情報を、全て消去することは難しい。

6.6 情報倫理と道徳的判断

(1) 情報倫理と情報モラル

　「情報倫理・情報モラル」、「情報倫理（情報モラル）」というように、表記のされ方が違う場合があるので、情報モラルについて簡単に触れておく。

　小学校・中学校・高等学校では、「情報倫理」を「情報モラル」と称している。情報モラルは「社会で適正な活動を行うための基となる考え方と態度」[8]と定義されている。倫理 (ethics) は法や規則が行為の主軸となっているが、モラル（道徳：moral）は、マナー (manner) やエチケット (etiquette) と同様に、いろいろな場面で善悪を判断し、人としてよい行為を行うことに主眼を置いている。現在の情報社会では、情報倫理と情報モラルの内容は同じように捉えられている。どちらにも、他者や社会に迷惑や悪い影響を及ぼさないように考えて行動する、高いレベルの道徳性が求められている。

(2) 道徳的判断

　人が，社会の中で円滑に生活するためには，何が重要なのだろうか。物が豊富で便利な世の中でも，各人が他者のことを考えずに自分勝手な行動をとっていては，円滑な社会は築けない。法やルールがあっても，それを守ろうとしなければ意味がない。住みよい社会生活をする上で，お互いに迷惑をかけないようにすることは大切である。それは，自己中心的にならず他者への思いやりを持って，状況を判断し行動することである。すなわち，他者や社会のことも考えに入れて判断できるという，高い道徳性による判断力が求められる。

　心理学者のコールバーグ（Lawrence Kohlberg, 1929-1987）は道徳性認知発達段階理論において，道徳性には6つの発達段階（段階1～段階6）があり，人はそれぞれの発達段階に応じた判断をしていると論じている。これが道徳的判断力にあたる。道徳的判断力は，単にその行動を「する」のか「しない」のかを決める力ではない。その場面での対応について，心で思ったことをもとに行動を決める力である。この心の声が理由となって判断（判断理由）しており，それは道徳性につながっている。低い段階の道徳性では自己中心的なことを思って判断し，高い段階の道徳性であれば，人や社会への影響も考えて判断することができる。このような判断は，日常社会でもインターネット社会でも同様に行われている。どちらにおいても高い道徳性から判断する能力が必要である。

表6.3　道徳的判断基準

段階		道徳的判断基準
1	罰回避・従順志向	ルールに従って実行する（何のためにそのルールがあるかを理解しておらず，罰を受けないようにルールを守る）。罰や制裁を避ける。親や先生などの，権威に無条件に服従する（自分の意思で決めるのではなく，ただ強い者の意見に従うだけ）。
2	道具的互恵主義志向（素朴な自己本位）	自分の利益や欲求・興味に合うように振る舞う。損得を考え実行する。他者から何かを得るための手段（～してくれたらする）。他者にも同じことをさせる（～したからして）。他者と同じことを自分にもさせてほしい（私にも～させて）。
3	他者への同調・良い子志向	他者が持っている良いイメージの役割を期待にそって実行する（他者からみて良い人でありたい）。相手の立場に立って自分にして欲しいことを相手にしてあげる。信頼・友情・思いやりなどお互いの良い人間関係を維持する。多数意見に同調する。
4	法と社会秩序志向	社会や集団のシステムを維持することが正しいことで，そのために社会における義務を果たし，権威を尊敬し，与えられた社会秩序を保つ（何のためにそのルールがあるのかを理解したうえで守ろうとする）。

［参考］荒木紀幸：コールバーグの「道徳性認知発達段階」（2000）[9]

(3) 判断理由と道徳的判断基準[9]

　人が判断する時は，心の中で「～だからこうしよう」というように理由がある。これが道徳的な判断理由である。この判断理由には，道徳性の6つの発達段階に応じた基準がある。判断理由を段階1～段階6の「道徳的な判断基準」に照らし合わせると，どの程度の発達段階の道徳性なのかがわかる。このようにして判断理由を発達段階別に分類することができる。

　表6.3の「道徳的判断基準」は，発達段階に応じた判断理由の基準をまとめたものである。ただし，私たちが最低限必要な発達段階の段階1～段階4までを取り上げた（段階6はキリストのような聖人といわれている）。

(4) インターネット社会と道徳性

　インターネット上での問題を題材にして，その行為と道徳性の関連を考えてみよう。
　次の例題を読んで，自分はこのようなブログの書き込みを見た場合，同じように意見を書き込むだろうか？「する」（書く）のか「しない」（書かない）のか考えてみよう。その上で，なぜそうすると判断したのか，その理由を考えてみよう。

【例題　お笑いタレントBさんの場合】

　お笑いタレントのBさんは，Cさんとコンビを組んで漫才をしていた。実際は，2人は仲がよいのだが，Bさんは毒舌できつくて恐いキャラクターを演じ，Cさんはそれを受けて，間の抜けたことを言って笑わせる役を演じていた。そして，2人のこの駆け引きが面白くて人気が上がってきた。そこで，Bさんはブログを開始すると，毎日，たくさんの人からコメントがあり，ブログのアクセスランクも上位にあった。

　ところが，突然Cさんが自殺した。その後，Bさんのブログに，以下のような書き込みが殺到した。何度も「事実は違う」と説明しても，ひどい誹謗中傷は増えるばかりである。

- Bさん，あなたはいつもCさんをいじめているから，それを苦にしてCさんは自殺したんじゃないか？　反省しろ！
- Cさんがかわいそう！　いつもひどいことを言われていて，嫌になったに決まっている。責任を取れ！
- おまえは生意気だ！　何様だと思っているのか！
- いじめられた者の気持ちが分かるか？　もうテレビに出るな！
- ブログを見ているみんな！　Bさんが出演するお笑いライブには行かないようにしよう！
- テレビに出るな！　顔も見たくない。
- お前をいじめて，Cさんの復讐をしてやる。いい加減にしろ！
  ………

⇒私たちは普段は仲が良かったのです。漫才をするために演じていただけでいじめていません。誤解です。(Bより)

- なんでまだ芸人をしているんだ。早く辞めろ！
- 弁解するな！　隠してもネットを探せば，いくらでも情報はあがってくる。
- 責任を感じてお前も死ね！
- みんなのブログや掲示板にリンクを貼って広めよう！
  ………

あなたは，書くのか書かないのか，どちらにすると判断しただろうか？次に，その理由を表6.3の判断基準に照らし合わせて，どの段階の道徳性なのかを考えてみよう。

道徳性の発達段階別に，判断理由の具体例を挙げておこう（表6.4）。

表6.4　例題の判断理由の分類例

	する（書く）	しない（書かない）
段階1	・匿名だから捕まらない ・注意する人が周りに誰もいない ・友人も書いていて，みんなから仲間はずれにされたくない	・書き込みがバレて罰を受けたくない ・誹謗中傷はダメと教えられた ・書き込みで自分が特定され，反対に攻撃されたくない
段階2	・みんなが書いているので自分もOK ・自分の意見にどんな反応があるか見たい ・より強烈に書き込んで読者を煽りたい ・自分も書き込み仲間に加わりたい ・誹謗中傷することで憂さ晴らし	・読むだけで書き込むほどのこともない ・誹謗したところで何の得にもならない ・面倒くさい，時間の無駄
段階3	・いじめはよくない。制裁を加えて思い知らせるべき ・誹謗中傷している人をたしなめる書き込みをする	・Bさんの心の痛手を察するから ・Bさんは嫌な書き込みをしてほしくないだろうから ・情報の信憑性がないのに安易な行動はとるべきでない
段階4	・ブログを見た者として，情報の間違いを正して正確な情報を書き込み，安易に偽情報を信じて書き込んだ者に，誹謗中傷であることを啓発する	・誹謗中傷が横行して，ネット上の倫理・モラルを軽んじるような人が増えることをすべきでない

このように，行為の結果は「する」（書く），「しない」（書かない）のどちらかでも，その判断理由は様々である。人は身体の成長とともに，心（道徳性）も発達していく。その過程と同様で，道徳性は1段階ずつ，前の段階を含みながら発達していく。

そのため，判断理由の中には，ハッキリと段階に分けることが難しい場合もある。同じ発達

段階の中でも，その判断理由が下の段階に近かったり，上の段階に近かったりと，グレーゾーン的なところがある。つまり，「どちらかというと段階○」という具合である。結果的には「する」，「しない」のどちらかだが，その行為の奥には道徳性の高低がある。高い段階の道徳性であれば，人や社会などのことを考えた行為をとる。

【例題の解説】
　段階1は，小さな子供が親に叱られないようにすることがよいことだと思い，それに応じた理由の行為をすることと同じである。自分の意思ではなく，他者の意思に依存しているのである。この例題では，匿名なので自分に被害がこないため安易な気持ちで書き込む人も多く，内容はだんだん激しくなる。段階2は，自分の感情のままの意見をぶつけたいなど，相手のことは関係なく自己中心的な思いに基づく行為である。自分にとってそれが損になるならば行わない。段階3は，相手が傷つくのではと相手の立場になって考えた行為である。段階4は，人の意見に流されて，誹謗中傷を浴びせるようなモラルのない行為をすべきでないし，インターネット社会でこの状況がよいと思われるようになってはいけないと考えたことによる行為である。高い道徳的判断があれば，他者や社会への影響を考え，反対意見や真実を提示するなどの情報発信をするであろう。
　道徳性は年齢に応じて発達するといわれている。大人としては，段階4の道徳性を持っているはずである。しかし，頭ではよくないとわかっていても，罰則がなければ自分に都合のよい方向に動くものである。例題のようにブログ上の人たちに同調して相手を傷つける発信をするなど，いつまでも低年齢レベルの道徳性しか発揮できないような人が多い。
　インターネット社会での私たちは，ルールや罰に規制されて行動するのではなく，自分の心の内側から状況に応じた適切な判断ができることを求められている。すなわち，広い視野から捉えて判断することができる，高い道徳性・倫理観が重要とされている。

章末問題

6.1 次の例題を読んで，主人公のDさんの気持ちになって考えてみよう。
- Dさんは，仲間の誘いに乗って，音楽データのコピーを「する」だろうか？それとも「しない」のだろうか？Dさんの気持ちになって理由を予想してみよう。
- 「する」場合は，どのような理由でするのだろうか？「しない」場合は，なぜしないのだろうか？それぞれの場合の理由を，できるだけたくさん予想して紙に書き出してみよう。

【例題　大学生Dさんの場合】
　大学生のDさんは，友達から「自分のお気に入りの音楽を紹介し合おう」と誘われ

た。データファイルのあるパソコンを持って教室に行くと，集まってきた仲間同士で，パソコン，iPod，ウォークマンなどに入っている様々なジャンルの音楽を紹介し合い，気に入った曲をチェックしていた。Dさんは，お気に入りの音楽を聴かせて紹介するだけかと思っていた。ところが，しばらくして友人たちは，欲しいと思った音楽をお互いにコピーしはじめた。そしてDさんにも「お互いの音楽データをコピーし合おうよ！」と誘ってきた。

Dさんの判断理由を予想して紙に書き出した内容を，表6.3の「道徳的判断基準」に照らし合わせて，段階別に分類してみよう。

参考文献・参考URL

(1) 情報倫理教育振興研究委員会
http://www.juce.jp/rinri-gakushiryoku/
(2) 公益財団法人私立大学情報教育協会：情報倫理教育のガイドライン（2010年度版）
http://www.juce.jp/edu-kenkyu/2012-rinri-guideline.pdf
(3) 松原伸一：ディジタル社会の情報教育―情報教育を志す人のために，開隆堂（2002）
(4) 内閣府：平成25年度青少年のインターネット利用環境実態調査 調査結果（速報）（平成26年2月）
http://www8.cao.go.jp/youth/youth-harm/chousa/h25/net-jittai/pdf/kekka.pdf
(5) 総務省：東日本大震災における情報通信の状況，平成23年版 情報通信白書
(6) 社団法人著作権情報センター：初めての著作権講座
http://www.cric.or.jp/publication/pamphlet/doc/hajime.pdf
社団法人著作権情報センター：デジタル・ネットワーク社会と著作権
http://www.cric.or.jp/publication/pamphlet/doc/multimedia.pdf
(7) 消費者庁：個人情報の保護に関する法律（平成15年5月30日法律第57号）
http://www.caa.go.jp/planning/kojin/houritsu/index.html
(8) 文部省：高等学校学習指導要領解説―情報編―（2000）
(9) 荒木紀幸：モラルジレンマによる討論の授業 中学校編，明治図書（2002）
(10) 徳永正直・堤正史・宮嶋秀光・林泰成・榊原志保：道徳教育論 対話による対話への教育，ナカニシヤ出版（2003）
(11) 林徳治・奥野雅和・藤本光司：元気がでる学び力，ぎょうせい（2011）

第7章 ビデオ編集

　本章では，Windows ムービーメーカー2012（以下，ムービーメーカー）[1]を用いて，基本的なビデオ編集技術を学習する。ムービーメーカーとは，Microsoft社が無償で提供[2]しているビデオ編集ソフトウェアであり，このソフトウェアを活用することにより，魅力あるビデオ作品（ムービー）を簡単に制作・公開することができる。なお，本章での全ての実習問題は，以下の課題の解決を目的としたものである。各自，ムービーメーカー上で実際に操作しながら，学習を進めること。

> 課題：「日本を紹介するムービーを作ろう」
> 　皆さんのご家族や出身地の方々に，日本の文化や日本での皆さんの生活などについて，効果的に伝えることのできるムービーを制作しなさい。

第7章　视频编辑

　本章利用Windows movie maker 2012（以下简称movie maker）学习基本的视频编辑技术。movie maker是微软公司免费提供的一款视频编辑软件。使用此软件可以轻松地创作、发表赏心悦目的作品。本章所有的练习题都是为了解决下面的课题。请各自在movie maker上边操作边学习。

> 题目："创作介绍日本的视频"
> 　创作一部向自己的家人或家乡人介绍日本文化或大家在日本的生活等情况的视频。

제7장　비디오 편집

　본 장에서는 윈도우 무비메이커 2012 (이하 movie maker)를 이용하여, 기본적인 비디오 편집기술을 학습한다. 동영상 제작이란, 마이크로소프트사가 무상으로 제공하고 있는

---

[1] 本章の記述と画像は，「Windows 8.1」および Windows Essentials 2012 に同梱される「Windows Movie Maker version 2012」の仕様に従う。

[2] 各自のパソコンに事前用意されていなければ，以下から入手してインストールしておくこと：http://windows.microsoft.com/ja-jp/windows-live/movie-maker/

비디오 편집 소프트웨어이며, 이 소프트웨어를 활용함으로써 매력적인 비디오 작품을 간단하게 제작·공개할 수 있다. 덧붙어 본 장에서의 모든 실습 문제는, 이하의 과제 해결을 목적으로 한 것이다. 각자 무비메이커를 실제로 조작하며 학습을 진행해보자.

> 과제:「일본을 소개하는 영화를 만들자」
> 여러분의 가족이나 출신지의 사람들에게, 일본의 문화나 일본에서의 여러분의 생활 등에 관하여 효과적으로 전할 수 있는 영화를 제작하세요.

Chapter 7　Editing Video

In this chapter we will be studying elementary ways of editing video using Movie Maker 2010（hereafter Movie Maker）. Movie Maker is editing video software without charge provided by Microsoft. By using this software, we can produce and publish attractive video work. Also, all the practical exercises in this chapter aim to resolve following tasks. Operate this software on Movie Maker, each one.

> **Exercise: Produce Movie to introduce Japan**
> Produce Movie to introduce Japanese culture and your life in Japan for your family and fellow citizen.

7.1　実習のための事前準備

　ムービーの素材となる画像（写真やイラスト），動画，音声（BGMや効果音，ナレーション）データは，スマートフォンやデジタルカメラ，コンテンツ制作ソフトウェア等を用いて，できるだけ事前に撮影・収録しておくこと．なお，ムービーメーカー上で利用できる主な素材ファイル形式とその拡張子は以下の通り[3]である：

画像	JPEGファイル（jpg/jpeg/jfif/jpe），TIFFファイル（tif/tiff），GIFファイル（gif），Windowsビットマップファイル（bmp/dib/rle），PNGファイル（png）ほか
動画	Windows Media ビデオ（wmv），MPEG-4 ムービーファイル（mp4/mov/m4v/3gp等），MPEG-2 ムービーファイル，AVCHDファイル，Motion-JPEGファイル　ほか
音声	Windows Media オーディオ（asf/wm/wma），MPEG-4 AAC（m4a），MP3ファイル（mp3），PCMファイル（aif/aiff/wav），動画素材ファイル［音声部分抽出］

---

[3] 特に動画について，拡張子だけではそのファイル形式を判別できないことがある．また，デジタル著作権処理されたファイルは扱えない．その他，詳しくは以下を参照せよ．http://windows.microsoft.com/ja-jp/windows-live/movie-maker-file-types-faq/

問題 7.1 あなたが興味を持っている日本の文化や，あなたの日本での生活にかかわりのある画像，動画，音声データをそれぞれ用意して，各自のパソコンに保存しなさい。必要に応じて，「NHK クリエイティブ・ライブラリー」等の素材提供サイトを活用すること。

7.2 ムービー制作の基本

ここでは，BGM に合わせて画像が次々と切り替わるスライドショー形式のムービー制作を通じて，ムービーの構成とムービーメーカーの操作を学習する。なお，ムービーメーカーにおけるムービー制作の基本的な流れは以下の通りである：

1. ムービーの構成要素（画像・動画・音声・テキスト）を配置する（必要に応じて，新規に収録する）。なお，ムービーに配置された各構成要素を「**クリップ**」と呼ぶ。
2. 各クリップの設定や，様々な特殊効果の設定を行うことにより，ムービーを編集する。
3. 1 および 2 を繰り返して完成したムービーを，ファイルとして書き出す。

(1) 最初の一歩とプロジェクト

① **起動**：新たにムービー制作を始める場合，Windows の「スタート画面」から「Movie Maker」をクリック（タップ）することによって，ムービーメーカーを起動させる（Windows 7 以前では「スタート」—「すべてのプログラム」—「ムービーメーカー」）。

図 7.1 ムービーメーカーの起動

各 Office アプリケーションと同様に，各タブをクリックすると対応するメニューアイコンが表示される仕組みになっている。また，処理対象の種類に応じて特別なタブが追加表示される（ビデオツール，音楽ツール，ナレーションツール，テキストツール）。

図 7.2 タブとメニューアイコン

② **プロジェクト**：ムービーメーカーでは，ムービーの編集状況を「**プロジェクト**」と呼ばれるファイル（wlmp形式）に順次記録していくことで作業を進めていく。プロジェクトには編集状況とともに，各クリップの参照情報（クリップに対応する素材ファイルが，パソコン内のどこに，どの名称で保存されているかを示す情報）が記録されている。なお，プロジェクトに素材ファイルの内容そのものは含まれていない。また，ムービーメーカー上での作業は，素材ファイルの内容に影響を及ぼさない。

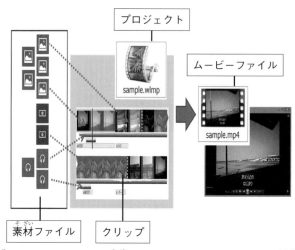

図7.3 プロジェクトと素材ファイル，ムービーファイルの関係

③ **プロジェクトの保存**：「ファイル」—「プロジェクトの保存」をクリックすることにより，現時点での編集状況をファイルに保存できる。意図的に今までとは異なるファイルに保存したい場合は，「ファイル」—「名前を付けてプロジェクトを保存」をクリックする。

④ **終了**：ムービーメーカーを終了するには，「ファイル」—「終了」をクリックする。もしくは，ムービーメーカーのウィンドウ右上端の「×」ボタンで終了させることもできる。

⑤ **プロジェクトの編集再開**：ムービーメーカー上にて「ファイル」—「プロジェクトを開く」をクリックし，再開したいプロジェクトファイルを指定する。もしくは，エクスプローラー上にてプロジェクトファイルをダブルクリック（ダブルタップ）することにより，ムービーメーカーの起動とプロジェクトの読み込みを同時に行うこともできる。

問題7.2 ムービーメーカーを起動し，新たに「日本紹介ムービーA」という名前のプロジェクトとして，適切なフォルダに保存しなさい。その後，一旦ムービーメーカーを終了させ，保存したファイルをダブルクリックすることにより，プロジェクトの編集を再開できることを確認しなさい。

図 7.4　プロジェクトの保存

(2) 映像素材ファイル（画像・動画）の読み込み

ムービー編集の第一歩として映像素材ファイルを読み込み，画面右側の「**ストーリーボード**」と呼ばれる部分にムービーの要素となるクリップを配置していく。

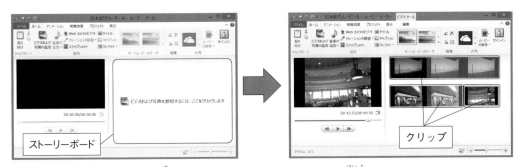

図 7.5　ストーリーボードへのクリップ配置

方法 1：「ホーム」―「ビデオおよび写真の追加」をクリックすることにより，プロジェクトに読み込む映像素材ファイルを指定するためのウィンドウが表示される[4]。ここで，読み込みたいファイル（複数でもよい）を選択して「開く」をクリックする。この操作により，ストーリーボード上で現在選択されているクリップの後ろに，指定したファイルの内容に対応した新たなクリップが配置される。

---

[4] まだ 1 つもクリップが配置されていないストーリーボードをクリックしても同じ結果となる。

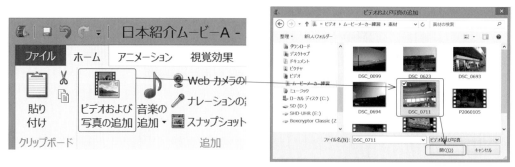

図 7.6 ファイル指定によるクリップの配置

方法 2：エクスプローラーから，読み込みたい素材ファイル（複数でもよい）を，ムービーメーカーのストーリーボードにドラッグ＆ドロップする。なお，この方法の場合，ドロップした位置にクリップが配置される。

図 7.7 ドラッグ＆ドロップによるクリップの配置

問題 7.3 プロジェクト「日本紹介ムービーA」において，問題 7.1 で用意した画像（写真やイラスト）ファイルを読み込ませなさい（方法 1・方法 2 ともに試すこと）。

なお，「タイトル」等の情報が含まれる画像や動画ファイルを読み込むと，その内容に対応した**キャプション**（ムービーに表示されるテキスト情報を意味するクリップ：テロップとも呼ぶ）が自動的に設定される[5]。なお，キャプションの内容は，後で変更したり，削除したりすることができる。

---

[5] 「ファイル」―「オプション」―「キャプション」にて，自動設定を解除することもできる。

図 7.8　クリップに設定されたキャプション

TIPS：「プロジェクト」—「縦横比」において，「ワイドスクリーン（16:9）」と「標準（4:3）」のどちらかを選択することにより，制作するムービー全体の縦横比（アスペクト比）を切り替えることができる。素材や出力先の状況を踏まえて，早めに設定しておくとよい。

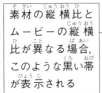

図 7.9　縦横比の変更

(3) ムービーの再生と画面表示の設定
① **再生のコントロール**：現時点での編集状況を確認するために，画面左側にある「プレビュー画面」を用いる。主な操作方法は以下の通り。

図 7.10　再生のコントロール

- 「再生／一時停止」ボタン（①）をクリックするとムービーが再生され，再生中にもう一度クリックすると停止する。
- スライダー（②）の任意の位置，もしくは，ストーリーボード上の任意のクリップをクリックすることで，再生開始位置を変更することができる。
- スライダー上のマーカー（③），もしくは，ストーリーボード上のインジケーター（④）を左右にドラッグすることで，再生位置を自由に変化させることができる。
- 「次のフレーム」ボタン（⑤），「前のフレーム」ボタン（⑥）によって，フレーム（1／30秒）単位でコマ送りできる。
- プレビュー画面の大きさを変えたい時は，プレビュー画面とストーリーボードの境界線（⑦）を左右にドラッグする。
- ディスプレイ全体にムービーを表示させたい時は，全画面プレビューアイコン（⑧）をクリックする（「表示」—「全画面プレビュー」をクリック，もしくは，F11キーを押しても同じ）。全画面プレビューを終了するには，ディスプレイ右上の「ムービーメーカーに戻る」をクリックするか，Escキーを押す。

② **ストーリーボードの表示設定**：操作しやすいようストーリーボードの見た目を変更できる。
- 「表示」—「タイムズーム」の各アイコン「拡大」，「縮小」，「リセット」をクリックすることにより，ストーリーボード上における時間軸の単位（タイムスケール）を調整できる。
- 「表示」—「縮小表示のサイズ」（極小アイコン～特大アイコン）を選択することにより，ストーリーボード上におけるクリップを示すアイコンの大きさを変更できる。
- ムービーメーカー右下のアイコンからも同様の設定ができる。

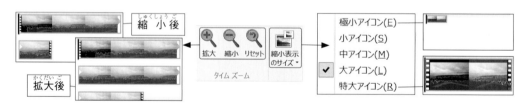

図7.11　ストーリーボードの表示設定（メニューアイコン）

図7.12　ストーリーボードの表示設定（右下アイコン）

(4) クリップの基本的な編集
① **クリップ情報の確認**：ストーリーボード上で各クリップにポインタを合わせると，そのク

リップが対応する素材ファイルの名称や，再生時間，各種効果設定などがポップアップ表示される。

図7.13　クリップの基本情報表示

② **編集対象クリップの選択**：ストーリーボード上で編集対象の各クリップをクリックする。選択されたクリップには，水色の枠線が表示される。
　連続する複数クリップをまとめて選択するには，対象の先頭であるクリップを選択した状態で，Shiftキーを押しながら対象の末尾であるクリップをクリックする。

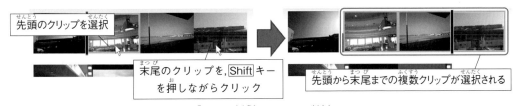

図7.14　連続クリップの選択

　また，離れたクリップを複数選択するには，2個目以降のクリップについてCtrlキーを押しながらクリックする。その他，「ホーム」—「すべて選択」をクリックすると，全ての画像・動画クリップが選択される。

③ **クリップの移動・コピー**：選択しているクリップを，ストーリーボード上でドラッグ＆ドロップすることにより，クリップの開始時間を変更（移動）することができる。また，Ctrlキーを押しながらドロップすれば，クリップを指定位置にコピーできる。

図7.15　クリップの移動とコピー

④ **クリップの削除**：「ホーム」―「削除」をクリック，もしくは Delete キーを押すことにより，選択しているクリップをストーリーボード上から削除[6]することができる。

> **TIPS**：③～④の操作は，クリップを右クリックして表示されるメニュー（ポップアップメニュー）からも実行できる。このメニューからは，上記以外にも様々な機能を実行可能であるので，必要に応じて利用するとよい。
>
>
>
> **図 7.16　クリップの右クリックメニュー**

⑤ **クリップの回転**：「ホーム」―「左へ回転」もしくは「右へ回転」をクリックすることにより選択している画像・動画クリップを回転させられる。なお，この操作を行ってもストーリーボード上の見た目は変わらないが，ムービー再生時には正しく反映される。

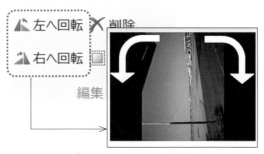

図 7.17　クリップの回転

問題 7.4　プロジェクト「日本紹介ムービーA」において，各クリップの移動・コピー・削除・回転を試し，プレビュー画面でその効果を確認しなさい。

> **TIPS**：素材ファイルを移動したり，名前を変えたりした場合，クリップに対応する素材が見つからないことを意味するアイコンが表示され，正常に再生・編集できなくなる。この時，問題のクリップをダブルクリックすることで，素材ファイルを再指定できる。

---

[6] この操作をしても，クリップに対応する素材ファイルはパソコンから削除されずに残る。

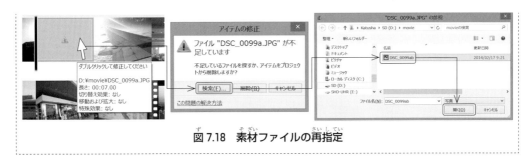

図 7.18　素材ファイルの再指定

(5) オートムービー機能によるスライドショー編集

「オートムービー」とは，テーマに基づいたムービーの効果設定やクリップの追加・設定を自動的に行う機能である。ここでは，オートムービー機能を利用して簡単にムービーを制作する方法を学ぶ。なお，オートムービーはムービー編集に必須の機能ではなく，第 7.3 節以降において説明する他の操作によって，オートムービーと同等以上に詳細な設定が可能である。

① **テーマの選択**：「ホーム」—「オートムービーのテーマ」にあるリストから，特定のテーマにポインタを合わせると，その適用後の再生イメージがプレビュー画面に表示される。その内容を参考に，特定のテーマ[7]をクリックすると，オートムービーが設定される。

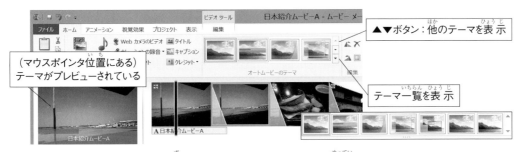

図 7.19　オートムービーのテーマ設定

② **音楽の追加と調整**：オートムービーを設定した時，プロジェクト上に音楽クリップが配置されていなければ，図 7.20 のように，音楽を追加するか尋ねるダイアログが表示される。ここで「はい」を選択すると，音楽の素材ファイルを指定するためのウィンドウが表示されるので，追加したいファイルを指定して「開く」とすると，音楽クリップが追加される。

---

[7]「既定」を選択すれば，オートムービーによって適用された効果が解除される。

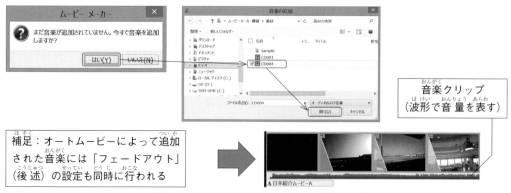

図 7.20 オートムービーにおける音楽の追加

なお，音楽クリップは，「ホーム」―「音楽の追加」から別に追加することもできる。音楽クリップを追加した後，「プロジェクト」―「音楽に合わせる」を選択すると，一番後ろに配置されている音楽クリップの停止位置でちょうどムービー全体が終わるように，各画像クリップの再生時間が調整[8]される（図 7.21）。

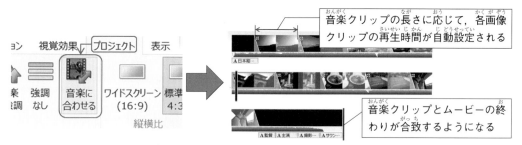

図 7.21 音楽の長さに合わせた再生時間調整

問題 7.5 プロジェクト「日本紹介ムービーA」において，オートムービーのテーマ「移動および拡大」を適用し，問題 7.1 で用意した音楽素材ファイルを読み込ませなさい。また，音楽の終わりとムービーの終わりのタイミングを揃えること。

③「**タイトル**」，「**クレジット**」の確認：オートムービーのテーマによっては，背景画像（初期値は黒色）とキャプションが設定された特別な画像クリップ（「**タイトル**」および「**クレジット**」）がいくつか追加される。なお，これらは「ホーム」―「タイトル」もしくは「クレジット」から別に追加することもできる。

---

[8] 配置した音楽クリップの再生時間が短すぎる場合は，調整できないことがある。

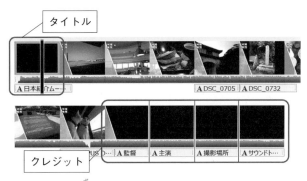

図 7.22 タイトルとクレジット

④ **キャプションの配置と基本的な編集**：これまで自動的に追加されたキャプション以外に新たにキャプションを配置したい場合は，ストーリーボードにおいてキャプションを配置したい場所にインジケーターを合わせた後，「ホーム」―「キャプション」をクリックする。

図 7.23 キャプションの配置

既存キャプションの内容や配置を変更したい場合は，ストーリーボードにて対象のキャプションをダブルクリックする。この操作によって，プレビュー画面上にキャプションの編集画面が表示される。キャプション内にカーソルが表示されていれば[9]，キーボードを用いて，キャプションのテキスト（文字）を入力・修正できる。なお，任意の位置での改行も可能である。

図 7.24 キャプションの入力・修正

---

[9] カーソルがなければ，「(テキストツール) フォーマット」―「テキストの編集」，または，プレビュー画面のキャプション内（マウスポインタが「I」の形になる箇所）をクリックする。

キャプションのテキストを装飾[10]したい場合，その基本機能は，「(テキストツール) フォーマット」—「フォント」および「段落」に用意されている。

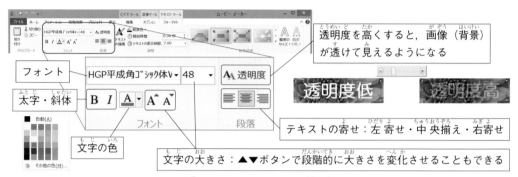

図 7.25　キャプションの装飾

プレビュー画面上でキャプションの境界をドラッグすることにより，キャプションの形状や位置を変更できる。

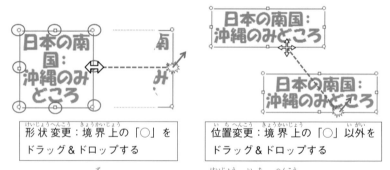

図 7.26　キャプションの形状と位置の変更

問題 7.6 プロジェクト「日本紹介ムービーA」において，各自が考えるムービーのコンセプトや各クリップの内容を踏まえ，キャプションの追加と編集を行いなさい。

(6) ムービーファイルの作成

これまでの編集内容をもとにムービーファイルを作成するには，「ホーム」—「ムービーの保存」ボタンを用いる。基本的には「このプロジェクトの推奨設定」で問題ないが，ムービーを再生したい環境に合わせて，他の設定を選択することもできる[11]。

---

[10] これらの操作方法は，他の Office アプリケーションとほぼ同様である。ただし，文字単位での装飾はできない。また，1つの画面に複数のキャプションを配置することもできない。

[11] 画面の精細さと縦横比を示す「画面解像度(幅・高さ)」，1秒あたりのデータ量(≒ムービーの品質)を示す「ビットレート」，ムービーの滑らかさを示す「フレームレート」，音声の品質を示す「Audio 形式」が，環境に合わせた適切な値にそれぞれ設定されている。なお，一番下にある「カスタム設定の作成」を選択すると，オリジナルの設定を新たに作ることもできる。

図7.27 ムービーの保存（1）

　どれか1つの設定を選択すると，「ムービーの保存」ウィンドウが表示される。ここで，保存先のフォルダとムービーのファイル名を指定[12]して，「保存」をクリックすると，編集状況や保存設定に基づいたムービーファイルの作成が始まり，加えてその進捗状況が表示される。

　保存完了のダイアログウィンドウにおいて，「再生」を選択すると既定のプレイヤーが起動してムービーが再生される。「フォルダを開く」を選択すると，エクスプローラーにて保存先のフォルダが表示される。「閉じる」とすると，何もせずにウィンドウだけ閉じる。

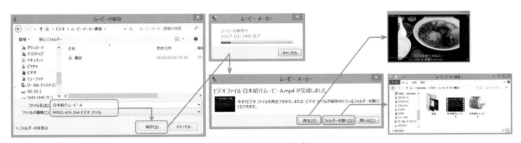

図7.28 ムービーの保存（2）

問題 7.7 プロジェクト「日本紹介ムービーA」において，推奨設定のほか，いくつかの設定に基づくムービーファイルを作成しなさい。また，再生してそれぞれの違いを確認しなさい。

（7）これまでの学習を振り返って

　ムービーの基本構成は，再生される時間の流れに合わせて，図7.29に示すように「映像」，

---

[12]「ファイルの種類」は，特に問題がない限り，スマートフォンなど幅広い機器で再生できる「MPEG-4/H.264 ビデオファイル（*.mp4）」のままでよい。その他，「Windows Media ビデオファイル（*.wmv）」にすることもできる。

「音声」,「文字」を階層的に配置したものである。ムービーメーカーでは,映像情報として「画像(タイトル・クレジットの背景を含む)」もしくは「動画」を配置できる(参考:第7.3～7.4節)。音声情報としては,「音楽」と「ナレーション」という2層の情報を同時に配置できる(参考:第7.5節)。文字情報としては,「キャプション」が該当する(参考:第7.6節)。

図7.29　ムービーの基本構成

なお,オートムービーを用いない編集方法としては,画像・動画クリップを最初に配置した後,音楽・ナレーションの配置と合わせて各クリップの再生時間や効果を調整し,最後にタイトル・クレジットの配置とキャプションの調整を行う,という手順を勧める。

問題7.8 新たにプロジェクト「日本紹介ムービーB」を作成し,複数の画像・動画クリップを,ストーリーボード上に配置しなさい。ただし,動画クリップは音声付きのものを含むこと。
※ 問題7.9～問題7.12ではプロジェクト「日本紹介ムービーB」に対して実習を行うこと。

7.3 映像情報の編集1:詳細設定

画像・動画クリップの詳細設定を行うには,設定を行いたいクリップを選択した状況から,「(ビデオツール)編集」タブを開く。なお,この操作は,詳細設定を行うクリップをダブルクリックしても同じである。

(1) クリップの再生に関する設定

画像クリップの再生時間(表示される時間の長さ)を変更するには,「再生時間」欄の値(単位:秒)を変更する。直接変更する方法のほか,直感的な方法として,クリップの再生を終わらせたい時点にインジケーターを合わせた後,「停止位置の設定」ボタンをクリックしてもよい。

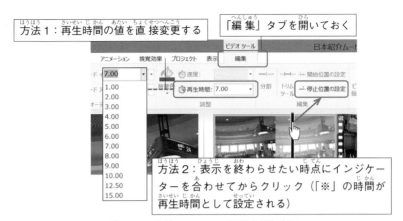

図 7.30 画像クリップの再生時間調整

TIPS：タイトル・クレジットに限り，再生時間に加えて「背景色」を設定できる。これは，「(テキストツール) フォーマット」―「背景色」と同じ機能である。文字色と合わせて設定するとよい。

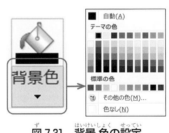

図 7.31 背景色の設定

動画クリップでは，スロー再生や早回し再生の設定ができる。具体的には，「速度」欄の値を変更することによって，素材ファイルの何倍の速度で再生するかを指定すればよい。

図 7.32 動画クリップの再生速度調整

(2) 動画クリップのトリムと分割

① **トリム**：クリップのうち，不要な部分を取り除く作業をトリム（トリミング）と呼ぶ。クリップに「**開始位置**」と「**停止位置**」を設定することにより，「開始位置」～「停止位置」以外を再生対象から取り除くことができる。その具体的な方法は図 7.33 の通りである。

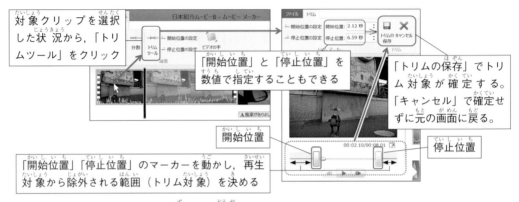

図 7.33　動画クリップのトリミング

トリムツールを用いない方法として，ストーリーボード上でインジケーターを開始位置（もしくは停止位置）に合わせ，「開始位置の設定」ボタン（もしくは「停止位置の設定」ボタン）をクリックしてもよい。なお，一度トリムを確定（保存）しても，やり直すことができる。

② **分割**：インジケーターの指す時点を境界として，動画クリップを前後に分割するには，「分割」ボタンをクリックする。この操作によって，同じ素材ファイルを参照し，かつ，指定時点をもとにして，適切にトリムされた 2 つの動画クリップができあがる。

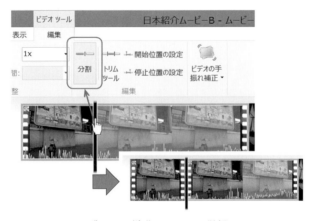

図 7.34　動画クリップの分割

(3) 動画クリップの音量設定

① **ボリュームの変更**：動画クリップ内の音声について，その音量を変更するには，「ビデオボリューム」ボタンをクリックし，表示されるスライダー上のマーカーをドラッグする。

② **ボリューム効果の設定**：動画クリップ内の音声について，フェードイン効果（クリップ開始時，無音状態から①で指定した音量まで段々と上がる効果）とフェードアウト効果（クリップの停止位置に向けて，段々と音量が下がり無音となる効果）を設定できる。

図 7.35　動画クリップの音量設定

問題 7.9 以下の助言・指示に対して，どう対処すべきか検討し，実際に試しなさい。
1. 「この静止画のシーンは，あと10秒長く映すようにしてほしい。」
2. 「この動画のシーンは，0.5倍速スローモーションで開始から5秒間だけ流すように。」
3. 「この動画のシーンは，最初はしばらく無音状態として，後半部分に入ってから段々と音が大きくなるように編集してください。」

7.4　映像情報の編集2：アニメーション効果

(1) 画像・動画クリップ開始時のアニメーション（切り替え効果）

前のクリップからの映像切り替え効果（トランジションとも呼ぶ）を設定することができる。なお，切り替え効果の設定は「**アニメーション**」タブ（左側）から行う。

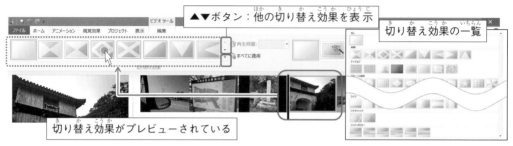

図 7.36 アニメーション（切り替え効果）の設定

切り替え効果が設定されると，その画像・動画クリップの開始部分（左斜め下）に，その前のクリップの一部が表示されるようになる。また，切り替え効果のリストから「切り替え効果なし」をクリックすれば，切り替え効果の設定を解除できる。

さらに，「アニメーション」―「切り替え効果」の「再生時間」欄において，切り替え効果の表示時間（単位：秒）を設定できる。また，「すべてに適用」ボタンを選択すると，ストーリーボード上の全てのクリップに，同じ切り替え効果（「なし」を含む）が設定される。

図 7.37 アニメーション（切り替え効果）の調整

(2) 画像・動画クリップ再生中のアニメーション（移動および拡大効果）

クリップの中で表示される領域（カメラ位置）を，再生中に変化（移動および拡大）させることができる（パン／ズームとも呼ぶ）。なお，この効果はクリップ再生時間の全体に及ぶ。

移動および拡大効果の設定は「**アニメーション**」タブ（右側）から行う。

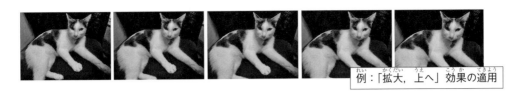

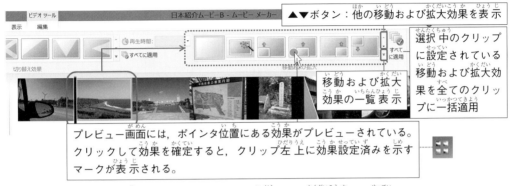

図 7.38 アニメーション（移動および拡大効果）の設定

(3) 画像・動画クリップ再生中の視覚効果（特殊効果）

クリップの映像全体に，色合いや明るさ変更，見せ方の変化といった，様々な視覚効果を設定することができる．この設定は，「**視覚効果**」タブから行う．

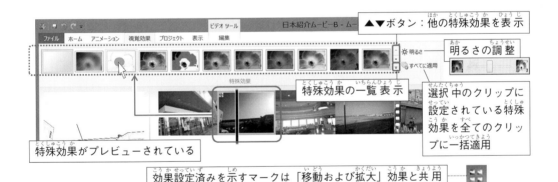

図 7.39 視覚効果（特殊効果）の設定

また，「特殊効果」一覧の一番下にある「複数の特殊設定」をクリックすると，複数の特殊設定を同時に適用するためのウィンドウが表示される．その他，「視覚効果」―「明るさ」から，選択中のクリップの明るさを，特殊効果の種類とは独立的に調整できる．

問題 7.10 以下の助言・指示に対して，どう対処すべきか検討し，実際に試しなさい．

1. 「場面が変わる時，本のページをめくるように，次の映像に切り替えて欲しい．あと，全ての場面切り替えについて，同じように設定しておいてね．」

2.「この静止画のシーンだけど,左上の部分にズームしていくように編集してよ。」
3.「各クリップにどんな効果設定をしているか,簡単に確認する方法を教えて。」

7.5 音声情報の編集

動画クリップ内の音声情報に加え,主にBGMとして用いる「**音楽**」と,主にコメントや効果音として用いる「**ナレーション**」を,それぞれ配置・編集することができる。

(1) 音楽・ナレーションの配置

音声素材ファイルを「音楽」としてストーリーボードに配置する最も基本的な方法は「ホーム」―「音楽の追加」ボタンをクリックして,音声素材ファイル[13]を指定することである。

音楽クリップの配置をあらかじめ決めてある場合は,「ホーム」―「音楽の追加▼」―「現在の位置に音楽を追加」ボタンをクリックして,音声素材ファイルを指定する。この場合,インジケーターの位置を開始時間として,新たな音楽クリップが挿入される。また,より直感的な方法として,音声素材ファイルをストーリーボード上にドラッグ&ドロップしてもよい。

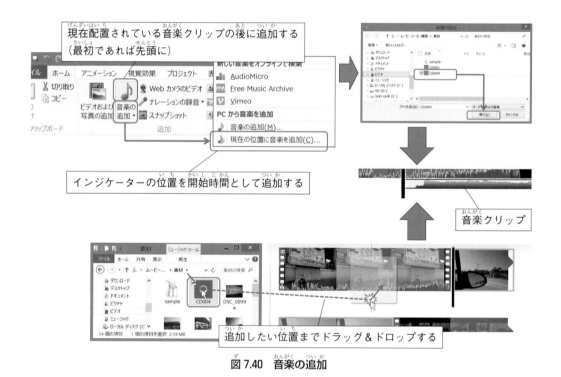

図 7.40 音楽の追加

---

[13] 素材ファイルを指定する際,ファイルの種類を「オーディオとビデオ」または「ビデオ」とすると,動画素材ファイルを開くことができる。この場合,動画の音声部分が抽出される。

音声素材ファイルを「ナレーション」としてストーリーボードに配置するには,「ホーム」―「ナレーションの録音▼」―「サウンドの追加」をクリックする。ここで音声素材ファイルを指定すると,インジケーターの位置を開始時間としてナレーションクリップが挿入される。

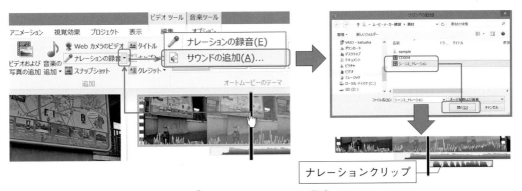

図 7.41　ナレーションの追加

TIPS：Web カメラやマイクがパソコンに接続されていれば,ムービーメーカー上において,新たに動画・音声素材ファイルを収録・保存し,配置することもできる。
動画：「ホーム」―「Web カメラのビデオ」
音声：「ホーム」―「ナレーションの録音」

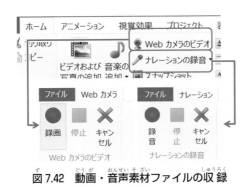

図 7.42　動画・音声素材ファイルの収録

(2) 音楽・ナレーションの詳細設定

音楽クリップやナレーションクリップ（音声クリップ）の詳細設定を行うには,設定を行いたいクリップを選択した状況から,その種別に合わせて「(音楽ツール) オプション」タブ,もしくは「(ナレーションツール) オプション」タブを開く。この操作は,詳細設定を行うクリップをダブルクリックしても同じである。また,設定できる内容は音声・ナレーション共通であるほか,動画クリップの編集操作（特に第 7.3 節 (2)～(3)）とも共通点が多い。

図 7.43 音楽・ナレーションの詳細設定

① **開始時間**：ムービーの先頭からカウントして，各クリップの再生が開始される時間のことを，「**開始時間**」（単位：秒）と呼ぶ。音声クリップの開始時間を調整するには，「開始時間」欄の値を直接変更するか，音声クリップをストーリーボード上でドラッグ&ドロップする。

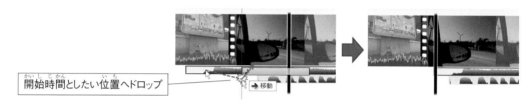

図 7.44 音声クリップの開始時間調整

② **トリム**：音声クリップのトリムを行うには，「**開始位置**」と「**停止位置**」（単位：秒）を調整する。この調整により，クリップが参照する素材ファイルの「開始位置」から「停止位置」の範囲が再生されるようになる。調整するには，それぞれの値を直接変更するか，クリップの再生を開始（もしくは停止）したい位置にインジケーターを合わせ，「開始位置の設定」（もしくは「停止位置の設定」）ボタンをクリックする。

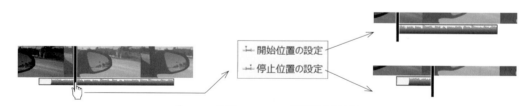

図 7.45 音声クリップの再生範囲調整

③ **分割**：音声クリップを，インジケーターの指す時点を境界として前後に分割するには，「分割」ボタンをクリックする。

④ **ボリュームの設定**：音声クリップの音量を調節するには，「音楽ボリューム」／「ナレーションのボリューム」ボタンをクリックし，表示されるスライダー上のマーカーをドラッグ

する。

⑤ **ボリューム効果の設定**：音声クリップに対して，フェードイン効果／フェードアウト効果とそのスピードを設定できる。

問題 7.11 以下の助言・指示に対して，どう対処すべきか検討し，実際に試しなさい。

1. 「あなたの好きな曲を BGM として追加してください。ただし，曲の全部ではなくて，途中の 30 秒だけ使うことにしましょう。その部分を，ムービーが開始して 5 秒後にフェードインで再生を開始し，フェードアウトで再生終了するように設定しておいて。」
2. 「ムービーが開始して 20 秒後の時点で，チャイム音が再生されるようにしなさい。」

7.6 文字情報の編集

キャプション（タイトルやクレジットによって追加されたキャプションを含む）の配置や基本的な設定については，第 7.2 節（5）④を参照すること。キャプションの詳細設定を行うには，設定を行いたいクリップを選択した状況から，「（テキストツール）フォーマット」タブを開く。なお，この操作は，詳細設定を行うクリップをダブルクリックしても同じである。

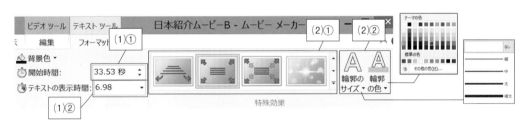

図 7.46 キャプションの詳細設定

(1) キャプションの表示に関する設定

① **開始時間**：キャプションの開始時間を調整するには，「開始時間」欄の値を直接変更するか，キャプションをストーリーボード上でドラッグ＆ドロップする。なお，キャプションの配置された映像クリップを移動すると，キャプションも一緒に移動する。

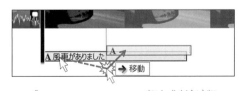

図 7.47 キャプションの開始時間調整

② **表示時間**：キャプションが表示される時間を変更するには，「テキストの表示時間」欄の値（単位：秒）を変更する。

TIPS：キャプションは同時に1つだけしか表示されない。そのため，あるキャプションAの表示時間中に，他のキャプションBの開始時間がくれば，キャプションBが優先して表示される。

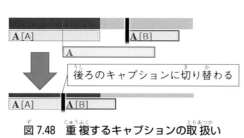

図 7.48　重複するキャプションの取扱い

---

(2) キャプションの特殊効果設定

① **テキスト効果の設定**：キャプションについて，表示される際の演出（テキスト効果）を設定することができる。テキスト効果には様々な種類がある。設定するには，「特殊効果」欄から，希望する効果を選択する。なお，各効果にポインタを合わせると，その効果を適用した場合のイメージがプレビュー画面に再生される。

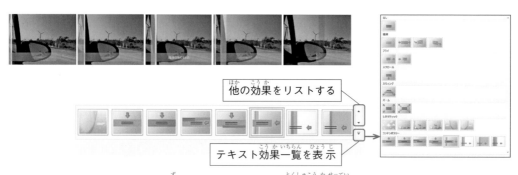

図 7.49　キャプションの特殊効果設定

② **輪郭の設定**：キャプションをより見やすく強調するために，「輪郭のサイズ」（輪郭の太さ）と「輪郭の色」をそれぞれ設定することにより，図 7.50 のような輪郭を表示させることができる。

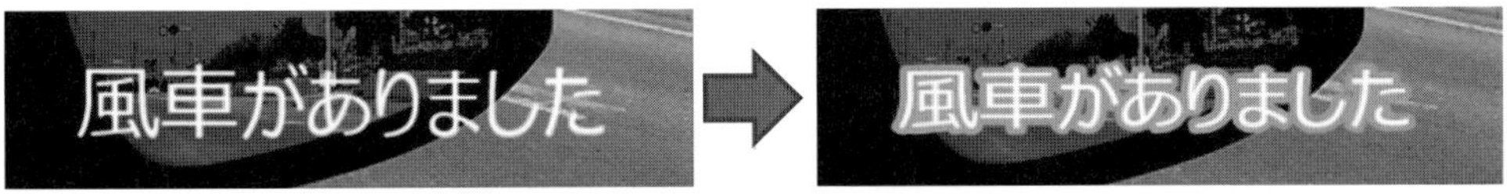

図 7.50 キャプションの輪郭設定

問題 7.12 以下の助言・指示に対して，どう対処すべきか検討し，実際に試しなさい。
1. 「この画像クリップに対して，その内容を表す文字情報（テロップ）が欲しいな。ただし，この画像が表示される時間のうち，最初の半分だけ文字が出るようにして。」
2. 「ムービーの最初に，輪郭を強調したあなたの名前が，下から上にスクロール表示される演出を追加しなさい。」

7.7 終わりに

これまで実習してきたように，ムービーメーカーを活用することによって，魅力あるムービーを簡単に制作することができる。また，YouTube や Ustream，ニコニコ動画など，動画共有サービスの人気からもわかるように，ムービーを結合点とするコミュニケーションは，今後も盛んになっていくことが予想される。パソコンとともに，スマートフォンやデジタルカメラ等を活用して，気軽にムービー制作を楽しみながら，その編集技術を高めて欲しい。

ただし，制作者の責任として，それぞれが制作したムービーにどのような内容が含まれているか，常に注意しなければならない。説明は省略したが，ムービーメーカーには，制作したムービーを YouTube や Facebook などの Web サービスにアップロードする機能もある。制作したムービーについて，特に他人の目に触れる可能性がある時は，各国の法律に反していないか，他人のプライバシーや知的財産権を侵害していないか，他人が不快に思う内容が含まれていないか等，注意して取り扱うこと（詳しくは第6章：情報倫理を参照されたい）。

章末問題

7.1 これまで学習してきたことを踏まえて，皆さんのご家族や出身地の方々に日本の文化や日本での皆さんの生活などについて，効果的に伝えることのできるムービー「日本紹介ムービー」を完成させなさい。さらに余裕があれば，日本や他国の友人に，皆さんの郷里を紹介するムービーを制作しなさい。

第8章
Webページの制作

本章では，簡単なWebページの作成を通して，Webサイトの仕組みや，Webページで利用されているHTML（HyperText Markup Language）について理解することを目指す。

なお本章では，「Webページ」と「Webサイト」という言葉を使い分けている。「Webページ」はブラウザに一度に表示される，1つ1つのファイルを指す。複数のWebページがひとまとまりになったものを「Webサイト」と呼ぶ。

第 8 章　网页设计

本章通过设计简单的网页，了解网站的结构及网页上使用的HTML（超文本标记语言）。

在本章里"网页"与"网站"两个词分开使用。"网页"是指在浏览器上显示的一个一个文件。多个网页合为一体时被称为"网站"。

제 8 장　웹(Web)페이지의 제작

본 장에서는 간단한 웹 (Web)페이지의 작성을 통하여, 웹페이지의 작성이나 웹 페이지로 이용되고 있는 HTML (HyperText Markup Language)에 대해서 이해하는 것을 목표로 한다. 또한 본 장에서는, 「Web 페이지」과 「Web 사이트」라는 말을 사용하고 있다. 「웹 페이지」는 브라우저 상에서 한번에 표시되는 하나 하나의 파일을 가르킨다. 복수의 웹 페이지가 하나의 덩어리가 된 것을 「Web 사이트」라고 한다.

Chapter 8　Producing Web Page

In this chapter, we aim to understand structures of websites and HTML (HyperText Markup Language) used in Web page by producing a website.

Meanwhile, we will use both "Web Page" and "Website" depending on context. "Web Page" means individual files displayed on browser at a time. "Website" is a set of "Web Page."

8.1 HTMLの基礎

(1) Webページとは

　Webページを見る時は，Internet Explorerなどの「Webブラウザ」を利用する。WebブラウザにURL（Uniform Resource Locator）を直接入力したり，検索エンジンを利用したりして目的のWebページを見つけ，アクセスする。

　Webブラウザに表示されたWebページは，HTMLという言語で記述されている1つの文書ファイル（HTMLファイル）である。HTMLファイルは文字だけのファイル（テキストファイル）である。その中にはWebブラウザでどのように文字を表示させるかの指示や，別のページへのつながり（リンク）が書かれている。画像や動画などはHTMLファイルとは別になっているため，HTMLファイルには「この画像をここに表示させる」などの指示が書かれている。HTMLファイルや画像ファイルなどは，全てWebサーバ上に用意されている。私たちがWebページを見ている時，実際にはパソコンがWebサーバからHTMLファイルを受信し，それをWebブラウザが表示させている。このことは，WebページのURLにも表れている。例えば，「http://www.hokusei.ac.jp/index.html」というURLの場合，「www.hokusei.ac.jp」がWebサーバの名前，「index.html」がHTMLファイルの名前である。

　実際にHTMLファイルの中身を見てみよう。Webブラウザで「http://www.hokusei.ac.jp/index.html」を表示させ，白い余白部分で右クリック→［ソースの表示］をクリックすると，HTMLファイルの内容が表示される。なお，HTMLファイルの内容を「ソース（Source）」という。

図8.1　表示されたソース

(2) HTMLファイルの作成と閲覧

　HTMLファイルは全て文字のファイル（テキストファイル）であるため，テキストエディタで作成できる。Windowsに標準付属している「メモ帳」を使ってHTMLファイルを作成する。

　［スタート画面］→［アプリビュー］→［Windowsアクセサリ］→［メモ帳］をクリックしてメモ帳を起動する。図8.2をメモ帳に記入する。「<」と「>」の中の英数字は全て半角で記述する。

```
<html>
  <head>
    <title>
      （自分の名前）のウェブサイト
    </title>
  </head>
  <body>
    ここは（自分の名前）のウェブサイトです。
  </body>
</html>
```

図8.2　基本的なHTMLファイル

　ファイルを保存する。［ファイル］→［名前を付けて保存］をクリックする。ファイル名は「test.html」とする。「.html」や「.htm」という拡張子は，HTMLファイルを表す。メモ帳で拡張子を指定せずにそのまま保存すると，拡張子がテキストファイルを表す「.txt」で保存されることがあるので注意する。保存後，メモ帳を一度閉じ，エクスプローラーでtest.htmlを表示させる。アイコンがInternet Explorerのものになっていることを確認する。なお，拡張子が表示されていない場合は，［表示］メニュー→［表示／非表示］グループ→［ファイル名拡張子］にチェックを付ける。

図8.3　エクスプローラーでHTMLファイルを表示

index.html のアイコンをダブルクリックすると Web ブラウザが起動し，HTML ファイルの内容が表示される。

図 8.4　Web ブラウザで閲覧

うまく表示されない場合は以下を確認し，第 8.1 節（4）を参考にファイルを修正する。

- スペルミスをしている（<title> が <titel> になっているなど）
- 「<」や「>」がない
- 「<」「>」，または < > の中の文字が全角である
- ファイル名が全角である
- 拡張子が「.html」ではない

(3) タグと要素

<html> や </body> など，< > で囲まれているものが「タグ」である。例えば <title> と </title> など，多くのタグはペアで使われる。スラッシュ記号（/）のないタグと（開始タグ），スラッシュ記号のあるタグ（終了タグ）を組み合わせて使用する。開始タグと終了タグと，それらで囲まれた部分を合わせて「要素」という。

タグには多くの種類がある。ここでは最も基本的なタグである <html>，<head>，<body> について説明する。

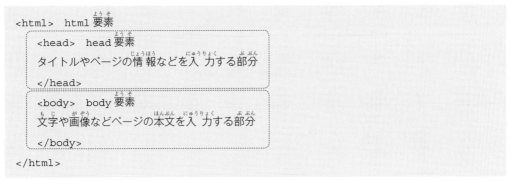

図 8.5　要素の階層構造

HTMLファイルの冒頭には <html> を，ファイルの終わりには </html> を記述する。Webページのタイトルや作成者情報などは，head 要素内に記述する。例えば title 要素はページのタイトルを表示するが，本文ではなく head 要素内に記述する。本文は body 要素内に記述する。ブラウザに表示されるのはこの部分である。HTMLファイルでは，html 要素の中に head 要素と body 要素が含まれ，それぞれの要素の中にまた別の要素が含まれるという，要素の階層構造（ツリー構造）になっている。

要素の階層構造を見やすくするため，HTMLファイルを作成する時に，タグの前に半角スペースを入力して整形し，タグをインデントすることがある。

(4) HTMLファイルの修正

HTMLファイルを修正する時は，テキストエディタでHTMLファイルを開き直し，ソースを修正する。HTMLファイルをダブルクリックすると Internet Explorer が起動するので注意する。

［スタート画面］→［アプリビュー］→［Windows アクセサリ］→［メモ帳］をクリックしてメモ帳を起動する。新規書類が作成されるので，［ファイル］→［開く］をクリックする。先ほど作成したHTMLファイルを選択する。しかし，拡張子が「.html」なのでそのままでは表示されない。ファイル名入力欄の右にある［テキスト文書（*.txt）］をクリックして，［すべてのファイル（*.*）］を選択すると表示されるようになる。test.html をクリックして選択し，［開く］をクリックする。HTMLファイルを修正する。ここでは本文に「ようこそ！」と追加する。［ファイル］→［上書き保存］をクリックして，ファイルを保存する。その後，画面を Internet Explorer に切り替える。［最新の情報に更新］ボタンをクリックし，画面を更新する。

図 8.6 最新の情報に更新

さらに修正が必要な場合は，メモ帳に切り替えて修正・上書き保存して，再び Web ブラウザの表示を更新して確認する。

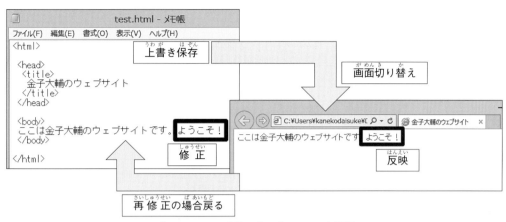

図 8.7　2 つの画面を行き来しながら修正

(5) レイアウトの調整
改行：
　ソース上で改行をしていても，Web ブラウザには反映されない。
 タグを挿入し，強制的に改行させる。複数の
 タグを使用するとその分改行される（対応する Web ブラウザのみ）。

横線：<hr>
　区切りのための横罫線を引く。話題を変える時などに利用する。

中央揃え：<center>〜</center>
　タグで囲まれた部分を，ブラウザの横幅に対して中央に揃える。

図 8.8　改行・横線・中央揃え（HTML）　　図 8.9　改行・横線・中央揃え（ブラウザ）

箇条書き：<ul>〜</ul>，番号付き箇条書き：<ol>〜</ol>，各項目：<li>〜</li>

箇条書きとそれぞれの項目を作成するには，各項目を<li>〜</li>タグで囲み，全体を<ul>〜</ul>タグで囲む。<ul>タグは黒い丸が行頭文字となるが，<ol>タグは自動的に番号が付く。

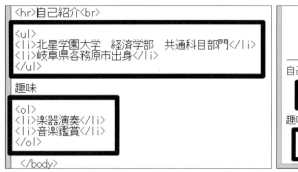
図8.10　箇条書き（HTML）

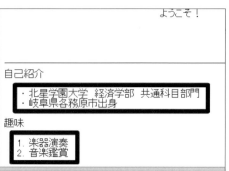
図8.11　箇条書き（ブラウザ）

段落：<p>〜</p>

<p>タグで囲まれた文章は，1つの段落と認識される。前後が自動的に改行され，1行分の空白が挿入される。

図8.12　段落（HTML）　　　　　図8.13　段落（ブラウザ）

(6) 文字の書式の調整

見出し：<h1>〜</h1>，・・・，<h6>〜</h6>

文字を見出しとして設定する。レベル1（<h1>）〜レベル6（<h6>）まで6段階の見出しを設定できる。数字が小さいほど重要な（上位の）見出しとなり，文字も大きく表示される。そのため，表示したい内容の階層構造も考えて，見出しのレベルを設定する。

太字：〜，斜体：<i>〜</i>，下線付き：<u>〜</u>

文字飾りのためのタグである。複数のタグを同時に使用することもできる。

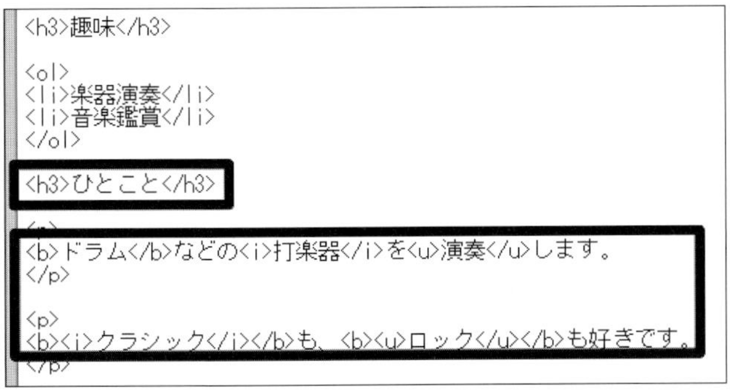

```
<h3>趣味</h3>

<ol>
<li>楽器演奏</li>
<li>音楽鑑賞</li>
</ol>

<h3>ひとこと</h3>

<p>
<b>ドラム</b>などの<i>打楽器</i>を<u>演奏</u>します。
</p>

<p>
<b><i>クラシック</i></b>も、<b><u>ロック</u></b>も好きです。
</p>
```

図 8.14 見出し・太字・斜体・下線（HTML）

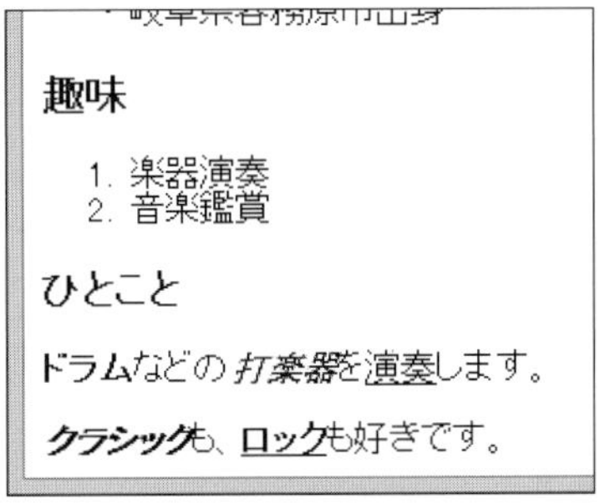

図 8.15 見出し・太字・斜体・下線（ブラウザ）

フォント：<font>～</font>

文字の大きさや色を変えるには、<font> タグ内に属性を記述する。その時に、「"」（ダブルコーテーションマーク）を付け忘れないようにする。

- 「size」属性：大きさを変える
  > 文字の大きさは 1（小さい）～7（大きい）までの 7 段階。

  ```
  <font size="3">文字の大きさ 3</font>
  ```

- 「color」属性：色を変える
  > 色は「カラーネーム」か「カラーコード」（# から始まる 6 桁の 16 進数）で指定。

  ```
  <font color="red">文字の色を赤</font>
  ```

- 両方を同時に指定できる

  ```
  <font size="3" color="red">大きさ 3 の赤い文字</font>
  ```

表 8.1　カラーネームとカラーコードの例

色	カラーネーム	カラーコード	色	カラーネーム	カラーコード
白色	white	#FFFFFF	橙色	orange	#FFA500
灰色	gray	#808080	赤色	red	#FF0000
黒色	black	#000000	紫色	purple	#800080
青色	blue	#0000FF	水色	aqua	#00FFFF
緑色	green	#008000	黄緑色	lime	#00FF00
黄色	yellow	#FFFF00	桃色	fuchsia	#FF00FF

問題 8.1 自分の好きな Web サイトのトップページを表示させ、ソースを見て、どのようなタグが利用されているか確認しなさい。

問題 8.2 自己紹介のための Web ページを作成しなさい。HTML ファイルは 1 つだけ作成するものとし，ファイル名は「introduction.html」とする。

8.2 HTML の応用

Web サイトは複数の HTML ファイル，画像ファイル，レイアウトを設定するファイルなどで構成されている。ここでは，複数の Web ページを利用した Web サイトの作成方法について説明する。

(1) Web サイトの構造

Web サイトの中には，複数の Web ページ（HTML ファイル）がある。一般的に，サイトのトップページ（アクセスすると最初に表示されるページ）のファイル名は「index.html」である。HTML ファイルはお互いが「リンク」でつながっている。トップページにアクセスすれば，リンクをたどって他のページを表示できる。Web ページに画像を表示させる時は，画像ファイルを別途用意して，それを表示するタグを HTML ファイルに記述する。

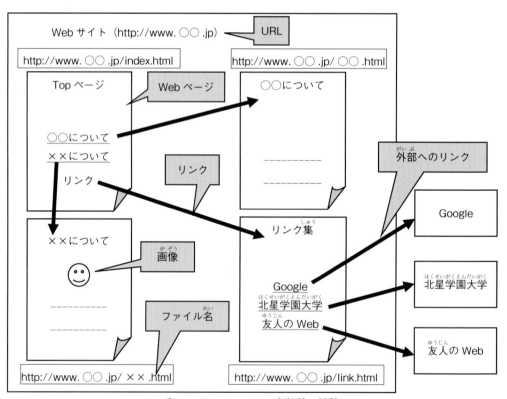

図 8.16 Web サイトの基本的な構造

(2) 画像の表示

HTML ファイルに画像を表示させるためには，画像ファイルが必要である。Web ページで利用する主な画像ファイルの形式について，以下にまとめる。

- GIF 形式（拡張子 .gif）
  - 画像を 256 色以内で表現するもので，ロゴやイラストなどで用いられる。
  - 色の数が少ないため，ファイルサイズを小さくできる。
- JPEG 形式（拡張子 .jpg）
  - 画像を約 1600 万色で表現するもので，写真などで用いられる。
  - デジカメで撮影した写真はほとんどが JPEG 形式である。
  - ファイルサイズが大きいことがあるため，事前にファイルサイズを確認する。
- PNG 形式（拡張子 .png）
  - GIF 形式と JPEG 形式の長所を持つ。
  - 比較的新しく作られた形式であるため，古いブラウザでは表示できないことがある。

新規 HTML ファイルを「test2.html」という名前で作成し，図 8.17 のタグを入力しておく。用意した画像ファイル（ここでは photo.jpg）を，test2.html と同じフォルダに保存する。

図 8.17　HTML ファイルの入力例　　　図 8.18　HTML ファイルと画像ファイルの保存

画像の挿入：<img src=" ファイル名 " alt=" 文字情報 ">

画像を表示させたい箇所にタグを記述する。src の後に画像のファイル名を，パス（第 8.2 節 (4) 参照）を含めて記述する。同じフォルダ内にある場合はファイル名のみ書けばよい。

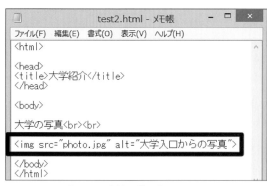
図 8.19 画像の挿入（HTML）

図 8.20 画像の挿入（ブラウザ）

(3) リンクの設置

リンク（ハイパーリンクともいう）は，Webページの大きな特徴である。リンクをクリックすることで，指定されたWebページや外部のWebサイトに移動できる。test2.htmlに，同じフォルダにあるtest.html（第8.1節で作成したファイル）へのリンクを設定する。

ファイルへのリンク：<a href=" リンク先ファイル名 "> リンク文字列 </a>

　<a>タグでリンク文字列を囲み，href属性でリンク先のファイル名を指定する。リンク文字列が青く変化し，下線が付く。これをクリックすると，第8.1節で作成したtest.htmlが表示される。

図 8.21 ファイルへのリンク（HTML）

図 8.22 ファイルへのリンク（ブラウザ）

外部サイトへのリンク：<a href=" リンク先URL"> リンク文字列 </a>

　外部のWebサイトへのリンクも設定できる。<a>タグを利用し，href属性のリンク先URLを設定すればよい。リンク先URLは「http://～」から全てを記述する。

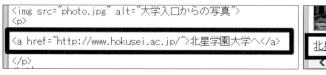
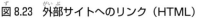
図 8.23 外部サイトへのリンク（HTML）

図 8.24 外部サイトへのリンク（ブラウザ）

(4) 異なるフォルダにあるファイルの指定

Webサイトを構成するファイルの数が増えると，フォルダの中にさらにフォルダを作成し，画像ファイルだけをまとめて保存したり，あるテーマに関するファイルをまとめて保存したりすることが必要になる。同じフォルダに保存されていない画像ファイルやリンク先のファイルを指定する時は，ファイル名の前に「パス」を記述する。パスとは，ファイルを保存しているフォルダまでの道筋のことである。現在のフォルダから記述する「相対パス」と，ルート（一番上の階層）から記述する「絶対パス」の2種類ある。ここでは，相対パスの記述方法について，図8.25のサイト例をもとに説明する。

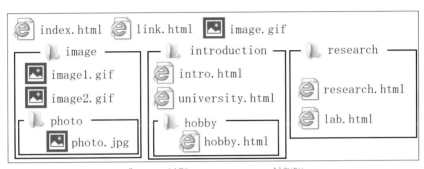

図 8.25　複雑な Web サイトの構成例

同じフォルダにあるファイルの指定：
　ファイル名のみを記述する。
- index.html に同じフォルダ内の image.gif を表示

    ```
    <img src="image.gif">
    ```

下位フォルダにあるファイルの指定：
　フォルダ名と「/」（スラッシュ）の後にファイル名を記述する。
- index.html に，image フォルダ内の image1.gif を表示

    ```
    <img src="image/image1.gif">
    ```

- index.html に image フォルダ内にある photo フォルダの中の photo.jpg を表示

    ```
    <img src="image/photo/photo.jpg">
    ```

上位フォルダにあるファイルの指定：
　上にある階層の数だけ「../」を付けてファイル名を記述する。
- introduction フォルダの intro.html に，その上の階層にある image.gif を表示

    ```
    <img src="../image.gif">
    ```

- introduction の hobby フォルダの hobby.html に，最上位の階層にある image.gif を表示

    ```
    <img src="../../image.gif">
    ```

異なるフォルダにあるファイルの指定：
上にある階層の数だけ「../」を付け，そこから見たフォルダ名とファイル名を記述する。

- research フォルダの research.html に，image フォルダの image2.gif を表示

    ```
    <img src="../image/image2.gif">
    ```

- introduction フォルダの hobby フォルダにある hobby.html に，image フォルダの photo フォルダにある photo.jpg を表示

    ```
    <img src="../../image/photo/photo.jpg">
    ```

(5) その他のタグ

表の作成：<table>〜</table>，行の作成：<tr>〜</tr>，セルの作成：<td>〜</td>
セルを見出しとして設定：<th>〜</th>

表全体をまず <table>〜</table> タグで囲む。さらに <tr>〜</tr> タグを記述し，この中に <td>〜</td> タグを必要な個数分（列数分）記述する。2行目以降が必要な場合は，さらに <tr>〜</tr> タグを必要分記述する。ただし，1行目と同じ数のセルを <td>〜</td> で指定する。

このままでは表の境界線が表示されないが，<table> タグに「border」属性を付けることで境界線を表示できる。また，<td> タグの代わりに <th> タグを使うことで，セルに見出しを指定できる。<th> タグで指定したセルは自動的に，太字，中央揃えに設定される。

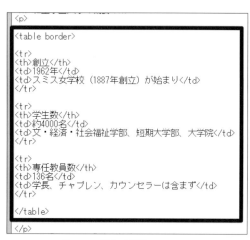

図 8.26 表の作成（HTML）

図 8.27 表の作成（ブラウザ）

引用：<blockquote>〜</blockquote>

引用したい部分を <blockquote>〜</blockquote> で囲むと，自動的にインデントされる。

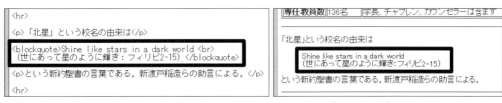

図 8.28 引用（HTML）　　　　　図 8.29 引用（ブラウザ）

定義リスト：\<dl\>～\<dl\>，用語：\<dt\>～\</dt\>，定義：\<dd\>～\</dd\>

　用語とその定義をわかりやすくリスト化するためのタグである。\<dd\>タグで囲まれた箇所は自動的にインデントする。なお，dt要素とdd要素は1つずつ交互にしなくてもよい。

強　調：\<em\>～\</em\>，強い重要性：\<strong\>～\</strong\>

　初期設定では，\<em\>は斜体で，\<strong\>は太字で表示される。

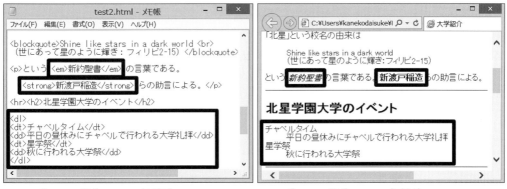

図 8.30 定義リストと強調（HTML）　　図 8.31 定義リストと強調（ブラウザ）

(6) スタイルシート

　スタイルシートはWebページのデザインを定義するファイルである。スタイルシートを使うことで，Webページの設計とデザインを分けられる。Webサイトのデザインを統一したり，デザインだけを変えたりする時に利用する。現在は「CSS（Cascading Style Sheet）」という仕組みが主に利用されている。

　スタイルシートを利用するためには，HTMLファイルの\<head\>～\</head\>の間に，以下の記述を追加する。

```
<link rel="stylesheet" type="text/css" href="style.css">
```

　ここでは，スタイルシートの名前を「style.css」としたが，拡張子が「.css」であればどのようなファイル名でもよい。

　次に，スタイルシートを作成する。スタイルシートはHTMLファイルと同じテキストファイル（文字のみのファイル）なので，メモ帳で作成できる。メモ帳で「style.css」という名前でファイルを作成し，HTMLファイルと同じフォルダに保存する。スタイルシートには，ど

のタグをどのように表示するかを指定する。例えば，<em>タグで強調される部分の文字の色を赤にする時は，以下のように記述する。

```
em { color: red; }
```
セレクタ｛プロパティ：値；｝

適用対象の<em>タグを「セレクタ」，適用するスタイルを「プロパティ」と呼ぶ。全てのセレクタは｛ ｝で囲む。プロパティと値の間はコロン，それぞれのプロパティはセミコロンで区切る。複数のプロパティを記述することもできる。図 8.32 の例では<em>タグのレイアウトを変更して，文字のスタイルを斜体から標準に，文字を太字に，文字サイズを大きく，文字の色を赤に設定した。さらに，<body>タグのレイアウトも変更した。背景色をうすい灰色にし，本文全体のまわりに 50 ピクセルの余白（マージン）を設定し，行送りを全角 1.5 文字分に設定している。それを test2.html に適用した。

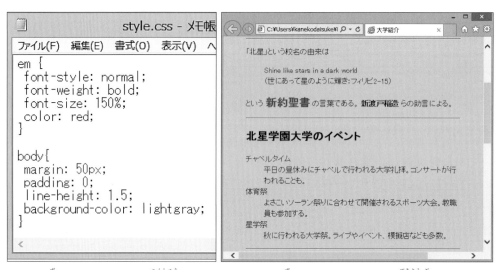

図 8.32　style.css の編集　　　　　図 8.33　スタイルシート適用後

問題 8.3　自己紹介のための Web サイトを作成しなさい。ただし，以下の条件を満たすこと。

- index.html をトップページに設定し，1 つ以上の画像ファイルを用いること。
- 使用するファイルは全て 1 つのフォルダにまとめて保存すること。
- 検索エンジンや大学の Web サイト等，外部へのリンクを 1 つ以上作成すること。

8.3 Web サイトの構築

本節では，Web サイトを作る時の流れを確認する。

(1) Web サイトの設計

Web サイトを作り始める前に，どのようなテーマで Web サイトを作成するのか，サイトの構成はどのようなものがよいかなどについて考える。

1. テーマの設定，内容の吟味

最初に，以下の点について自分の考えを整理しておく。「Web サイトのタイトル」，「Web サイトの目的（何をするためのサイトを作るのか）」，「想定する閲覧者（誰を対象として情報を見せるのか）」，「Web サイトに載せる内容」，「そのほか思いついたこと」

2. 全体構成図の作成

制作する Web サイト全体の構成を考える。まずは，その Web サイトに必要な Web ページを全て書き出す。グループ分けや階層構造などはあまり考慮せず，思いつく順番に書いてよい。その後，Web ページの内容や関連性などを考慮しながら，Web サイト全体の構成図を作る。

図 8.34 全体構成図の例（大学教員の自己紹介用 Web サイト）

全体構成図を作成する時は，以下の点に注意する。
- 作成する全ての Web ページを全て記載すること。
- Web ページ間のリンク関係ではなく，サイトの構造を書くようにすること。リンクは，Web ページ同士を結ぶ線が複雑になりすぎて見づらいためである。
- 各 Web ページの名前や内容を簡単に記載しておくとわかりやすい。

全体構成図は，Excel や PowerPoint を使って作成してもよいし，紙とペンを使い手書きで作成してもよい。

なお，Web サイトの規模によっては，画像やスタイルシートなど使用する全てのファイ

ルをリスト化した「コンテンツリスト(ファイルリスト)」を作ることもある。これは，Webページの名前（それぞれのWebページのタイトル），ファイル名，ディレクトリ（保存するフォルダの名前）などを一覧できるリストである。

3. Webページのレイアウトの決定

Webページごとに，どのようなレイアウトにするかを考える。フォントの色や大きさなどのデザインは無視し，どのパーツをどこに配置するかを考える。リンク先などの情報も掲載するとよい。似たレイアウトのWebページであれば省略しても構わない。全体構成図と同様，ExcelやPowerPoint，手書きなどで作成する。作成された図は「ワイヤーフレーム」や「モックアップ」などと呼ばれる。

図8.35 ワイヤーフレームの例

(2) ファイルの作成

Webサイトの設計を参考に，Webページのデザインも考えながらHTMLファイルを作成する。途中でWebサイトの設計が変わる場合は，全体構成図に変更を反映しながら作業を進める。

1. Webページ用の素材

Webページで利用する写真やイラストは，例えばデジタルカメラで撮影する，Windowsに標準で付属している「ペイント」を使うなどすれば，自分で作成することができる。また，自分で素材を作ることが難しい場合は，インターネットで公開されている素材データを活用することも可能である。有料・無料を問わず多くの素材集が発表されている。ただし，これらの素材を利用する場合には，著作権や肖像権に十分配慮しなければならない。

2. ファイル名について

Webサイトで利用するファイルの名前は，全て半角英数字で表記する。これは，URLがWebサーバの名前とWebページのファイル名で構成されているためである。ファイル名は

わかりやすく，長すぎないものにするとよい。

また，トップページは必ず「index.html」というファイル名にする。URLを指定する時に，ファイル名を省略することがあるが，この場合，自動的に「index.html」という名前のファイルが表示される仕組みになっているためである。

3. 複数のブラウザでのチェック

Webサイトを公開すると，様々なWebブラウザからアクセスされる。たとえ同じWebページを表示したとしても，Webブラウザによって見え方が異なることがある。余裕があれば，複数のWebブラウザを用いて，見え方をチェックするとよい。

(3) ファイルの公開（アップロード）

第8.1節 (1) でも述べたように，Webサイトを構築するには，構成する全てのファイルがWebサーバ上に保存されていなければならない。自分のパソコンからWebサーバにファイルを保存する作業を「アップロード（upload）」という。逆に，サーバから自分のパソコンにファイルを保存する作業は「ダウンロード（download）」である。

1. Webサーバの選択

Webサイトを公開するには，Webサーバが必要である。通常は，有料あるいは無料でWebサーバを提供しているサービスを利用する。例えば多くの大学では，学生個人のWebサイトを構築できるためのスペースが用意されている。

2. Webサーバへのアップロード

ファイルのアップロードにはFTP（File Transfer Protocol）ソフトを利用するが，SFTPやFTPSなどの安全な通信方式に対応したソフトを利用する。有名なものとして「FFFTP」，「WinSCP」，「FileZilla」などがある。なお，FTPソフトはWindowsには付属していないため，ソフトをダウンロードして自分でパソコンにインストールする必要がある。アップロードのしかたは，FTPソフトやWebサーバによって異なる。FTPソフトの説明をよく読み，自分が利用するWebサーバの仕組みを十分に理解した上で，ファイルをアップロードする。

アップロードが完了したら，WebブラウザにURLを入力し，ファイルが正しく送信されているか，リンク切れはないかなどを確認する。間違いを見つけた場合は，自分のパソコンでファイルを修正し，修正したファイルをもう一度FTPソフトを使ってアップロードする。

(4) アクセシビリティ

「アクセシビリティ」（accessibility）は，どれだけ多くの人がそのWebページを利用できるかの程度を示すものである。閲覧者の中には色がわかりにくい人もいるし，目が見えないために音声ブラウザ（Webサイトの内容を音声で読み上げるWebブラウザ）を使っている人もいる。そのため，全ての人が読みやすいデザインを心がける必要がある。以下，アクセシビリティを高めるために注意する点について説明する。

1. **画像に文字情報を付ける**
   表示された画像を見られない人のために，画像には必ず文字情報を記述する。音声ブラウザは <img> タグの alt に記述された文字を読み上げるためである。ただし，背景やワンポイントイラストなど，意味のない画像の場合は，「alt=""」と空白にしておく。

2. **背景と文字の色は区別しやすい色にする**
   赤と緑，黄緑と黄，赤と茶など，よく似た色を文字と背景の色に使うと，非常に読みづらい。特に色覚に障害を持つ人にはこれらの色は同じ色に見える。暖色系同士，寒色系同士，明度の近い色同士は組み合わせて使わないようにする。

3. **色だけに頼ったレイアウトにしない**
   レイアウトを色だけに頼らないことも必要である。例えば，強調したい文字は色を変えるだけでなく，カッコでくくったりフォントサイズを大きくしたりするなど，色に頼らなくてもわかりやすくなるように工夫する。

4. **文字の点滅・移動は避ける**
   視覚に障害がある人の中には，点滅したり移動したりする文字を読むことが困難な人がいる。音声ブラウザでも移動する文字は読み上げることができないことが多い。また，画面の広い範囲を点滅させると，発作の原因となる場合もあるため，特に注意する。

5. **単語の途中に空白や改行を入れない**
   例えば「時　間」，「場　所」など，単語の途中に空白を入れてレイアウトを調節してはいけない。また，長い文章を見やすくするため，文章の途中で改行を入れてレイアウトしてはいけない。単語や文章が途中で区切られてしまうため，正しく読み上げることができなくなるほか，単語の検索もできなくなる。調整したい場合はスタイルシートを利用する。

(4) Web サイトの評価と改善

Web サイトの作成が終わったら，観点別の評価シートなどを用いて制作した Web サイトを他の人に評価してもらう。その評価結果をもとに，Web サイトを改善する。以下に，評価の観点の例を示す。それぞれの観点について，5段階評価や自由記述で評価する。

- テーマや目的はわかりやすいか，制作者の意図が明確に伝わるか
- 画像は見やすいか，文字や画像の配置は適切か（文字が小さすぎるなど）
- デザインや色調は適切か，操作性は十分か（リンク切れがあるなど）
- ファイルサイズは適切か（画像ファイルのサイズが大きく読み込みに時間がかかるなど）
- 著作権・肖像権・プライバシーへの配慮はあるか
- 全体の印象，そのほか気付いたこと

問題 8.4 Web サイトの評価観点を自分なりに考え，評価シートを作成しなさい。

問題 8.5 自分が作成した Web サイトに対し，問題 8.4 で作成した評価シートを使って評価しなさい。

章末問題

8.1 自分が選んだ日本のお勧めスポット（観光地，飲食店，公園，学校など）を紹介するWebサイトを作成しなさい。ガイドブックや観光案内所，インターネットなどを利用して作成してもよい。ただし，引用したWebサイトのURLや引用文献を明記し，引用した部分と自分が書いた部分とをはっきりと区別すること。

8.2 自分が現在大学で行っている研究を紹介するためのWebサイトを作成しなさい。

8.3 HTMLファイルをテキストエディタで直接編集する方法以外に，Webサイトを構築する方法がないか調べなさい。その上で，調査の結果を報告するWebサイトを作成しなさい。

付録：検定試験などの情報

情報処理関連の主な検定試験，日本語能力関連の主な検定試験，日本語学習に役立つWebサイトを紹介する。

1. 情報処理関連の検定試験情報

- 日本情報処理検定協会　日本語ワープロ検定試験
  http://www.goukaku.ne.jp/test_wordpro.html
- 日本情報処理検定協会　情報処理技能検定試験　表計算
  http://www.goukaku.ne.jp/test_jyoho.html
- 日本情報処理検定協会　情報処理技能検定試験　データベース
  http://www.goukaku.ne.jp/test_db.html
- 日本情報処理検定協会　ホームページ作成検定試験
  http://www.goukaku.ne.jp/test_home.html
- 日本情報処理検定協会　プレゼンテーション作成検定試験
  http://www.goukaku.ne.jp/test_presen.html
- 日本情報処理検定協会　文書デザイン検定試験
  http://www.goukaku.ne.jp/test_design.html
- 日本情報処理検定協会　パソコンスピード認定試験　日本語
  http://www.goukaku.ne.jp/test_pcspeed.html
- 日本情報処理検定協会　パソコンスピード認定試験　英文
  http://www.goukaku.ne.jp/test_pcspeed_eg.html
- マイクロソフトオフィススペシャリスト（Microsoft Office Specialist）
  Word，Excel，PowerPointなどの利用スキルを証明する資格。
  http://mos.odyssey-com.co.jp/index.html
- 日商PC検定
  日商PC検定 文書作成，日商PC検定 データ活用，日商PC検定 プレゼン資料作成

http://www.kentei.ne.jp/pc/

- IT パスポート試験

    https://www3.jitec.ipa.go.jp/JitesCbt/

- サーティファイ ソフトウェア活用能力認定委員会　Word 文書処理技能認定試験

    http://www.sikaku.gr.jp/ns/wd/

- サーティファイ ソフトウェア活用能力認定委員会　Excel® 表計算処理技能認定試験

    http://www.sikaku.gr.jp/ns/el/

- サーティファイ ソフトウェア活用能力認定委員会　PowerPoint® プレゼンテーション技能認定試験

    http://www.sikaku.gr.jp/ns/pp/

- サーティファイ ソフトウェア活用能力認定委員会　Access® ビジネスデータベース技能認定試験

    http://www.sikaku.gr.jp/ns/ad/

2. 日本語関連の検定試験

- 日本語能力試験

    http://www.jlpt.jp/

- 実践日本語コミュニケーション検定

    http://www.sikaku.gr.jp/c/pjc/

- BJT ビジネス日本語能力テスト

    http://www.kanken.or.jp/bjt/

- 日本語検定

    http://www.nihongokentei.jp/

- J.TEST 実用日本語検定

    http://j-test.jp/

3. 日本語学習に役立つサイト

- NIHONGO e な

    http://nihongo-e-na.com/jpn/

- 日本語読解学習支援システム　リーディング チュウ太

http://language.tiu.ac.jp/

- OJAD（Online Japanese Accent Dictionary）
  http://www.gavo.t.u-tokyo.ac.jp/ojad/

解 答

第1章　省略

第2章　省略

第3章　省略

第4章　省略

第5章

問題5.1　省略

問題5.2　http://jp.msn.com（msn），https://www.google.co.jp（google）など

問題5.3　省略

問題5.4
- サイズはフィーチャーフォンよりスマートフォンの方が大きく見やすい
- フィーチャーフォンの入力方法は主にボタン操作であるが，スマートフォンはタッチパネル式である
- スマートフォンの方がアプリケーション（アプリ）が豊富で，無料のアプリケーションも多い
- フィーチャーフォンでは携帯用Webサイトしか閲覧することができないが，スマートフォンではほぼパソコンと同じWebサイトを閲覧することができる
- スマートフォンはパソコン上のデータと共有・シンク（同期）することができる，など

問題5.5
(1)
- ホームページの知識がなくても簡単に始められる
- 編集がしやすく，写真や文章を用意するだけで記事の更新が可能である
- Webページの中に意図しない広告が入る場合がある　など

(2)
- 個人情報やプライバシーにかかわる情報を安易に投稿しない
- 公開設定は「友達限定」などにして慎重に行う
- 偽アカウントや架空アカウントを悪用している場合もあるので，投稿された内容を安易に信用しない　など

(3) ・予習／復習や訓練目的の自学自習サイト
・大学の授業など他校舎へのライブ配信　など

問題 5.6 (1) (例) 表記の揺れ：「バイオリンとヴァイオリン」，「マイクロホンとマイクロフォン」／同義語：「かばんとバッグ」，「おもちゃと玩具」

(2) (例) 2012 年
年間発生件数（検挙件数）：7334 件
内容：ネットワーク利用犯罪：6613 件
不正アクセス禁止法違反：543 件
コンピュータ・電磁的記録対象犯罪及び不正指令電磁的記録に関する罪：178 件（警察庁 平成 24 年中のサイバー犯罪の検挙状況等について

http://www.npa.go.jp/cyber/statics/h24/pdf01-2.pdf）

【調べ方】検索サイトで「サイバー犯罪　件数」と入力することにより，警察庁へのリンクを見つけることができる。また，各年度別のサイバー犯罪の検挙状況については，警察庁サイバー犯罪対策統計（http://www.npa.go.jp/cyber/statics/）で調べることができる。

問題 5.7 省略

章末問題

5.1 (1) http://www.kyoto-u.ac.jp/ja

(2) http://www.kyoritsu-pub.co.jp

5.2 (例) 2012 年度
第 1 位　中国　86324 人
第 2 位　韓国　16651 人
第 3 位　台湾　4617 人

URL：http://www.jasso.go.jp/statistics/intl_student/data12.html（ホーム＞総合案内＞学生支援に関する各種調査＞外国人留学生在籍状況調査＞平成 24 年度外国人留学生在籍状況調査結果）

【調べ方】検索サイトのキーワード検索で「日本　留学生　人数」と入力することにより，日本学生支援機構（JASSO）へのリンクを見つけることができる。文部科学省からも日本学生支援機構の該当箇所へリンクが貼られている。また，各年度別の留学生人数は，http://www.jasso.go.jp/statistics/intl_student/ichiran.html で調べられる（ホーム＞総合案内＞学生支援に関する各種調査＞外国人留学生在籍状況調査）。

5.3 BCC を用いる
【理由】To や CC にメールアドレスを入力して送信すると，受信者全員のメールアドレ

スがわかってしまうから。

5.4 プロバイダによっては，スパム（迷惑メール）扱いとして，破棄する場合があるため。

第6章

章末問題

〔例題の判断理由の分類例〕

	する（コピーする）	しない（コピーしない）
段階1	・見つからなければいい ・ボス的友人に誘われたから ・友人から仲間はずれにされる	・先生に見つかったら叱られる ・学校のルールで禁止されている ・著作権の侵害になるから罰せられる
段階2	・仲間に入れてくれたから ・欲しい音楽があったから ・友人の音楽の趣味を知りたいから ・悪いことはわかっていても欲に負ける ・欲しい曲を無料でもらえるから	・面倒だから ・それらの音楽に興味がない ・せっかくお金を出して買った音楽なので人にコピーさせたくない
段階3	・自分の音楽データを持っていくと，コピーする曲数が増えてみんなが喜ぶから ・友達の輪に入りたいから ・作曲者にとってよい宣伝になるから ・つきあいでNoと言えないから	・作曲者や音楽会社はコピーして欲しくないだろうから ・友達に著作権を理解させてコピーしないように注意する ・曲を作った人の利益にならないので
段階4	なし	・著作権は著作者を守るための権利であるから，守る義務がある ・みんなが違法コピーをしたら，多くの作曲者の売上が減少することになる ・音楽社会の市場に影響を与えかねない行為だから

第7章

問題7.1 ムービーメーカーで音楽CDの楽曲を素材として用いるには，Windows Media

Player や iTunes など，音楽 CD から楽曲データを抽出（リッピング）し，MP3 形式や WMA 形式等の音声素材ファイルとして保存することのできるソフトウェアを用いるとよい。

なお，市販の音楽 CD の楽曲をムービーの BGM として用いる場合は，著作権法に反しないように注意が必要である（詳しくは第 6 章を参照のこと）。個人利用の範囲を超えて活用したい場合には，日本における代表的な音楽著作権管理団体である「JASRAC」が公開している利用ガイド（http://www.jasrac.or.jp/info/）や，日本で人気の高い動画共有サービスである「ニコニコ動画」が公開しているガイドライン（http://ex.nicovideo.jp/base/license_guideline）が特に参考になる。

NHK クリエイティブ・ライブラリー（http://www1.nhk.or.jp/creative/）とは，NHK（日本放送協会）が権利を所持する映像・音声素材の一部（約 5,000 本）を，創作活動用に提供してくれる無料のサービスである。トップページから「素材をさがす」にアクセスすることで，映像・音楽・効果音等，様々な素材ファイルをダウンロードできる。ただし，非営利目的・著作者名表示等の利用条件を守ること。

問題 7.2～問題 7.8 省略

問題 7.9
1. 指定された画像クリップについて，「編集」-「再生時間」の値を 10 増やす。
2. 指定された動画クリップは事前にトリムされていないものと仮定する。この動画クリップについて，「編集」-「速度」を「0.5×」とする。次に，「編集」-「トリムツール」を開き，「開始位置」を 0 秒，「停止位置」を 2.5 秒（5 秒ではない）として「トリムの保存」をクリックする。なお，動画・音楽・ナレーションにおける開始位置・停止位置は，元の素材ファイルを等速（1 倍速）再生した場合を基準としている。ここで，開始位置～停止位置までの 2.5 秒間を 0.5 倍速で再生するので，指定通り 5 秒間再生されることになる。
3. 指定された動画クリップのちょうど半分のところにインジケーターを合わせ，「編集」-「分割」をクリックする。次に，前半部分を選択し，「編集」-「ビデオボリューム」から，スライダーを左端に合わせる。また，後半部分を選択し，「編集」-「フェードイン」欄を「なし」以外に設定する。

問題 7.10
1. 全てのクリップを選択した後，「アニメーション」-「切り替え効果」の一覧から「ページカール」（4 種類あるが，どれでもよい）を選択する。なお，どれか 1 つのクリップに適用後，「すべてに適用」ボタンをクリックしても同じ意味である。
2. 指定された画像クリップについて，「アニメーション」-「移動および拡大」の一覧から「拡大，左上へ」を選択する。

3. ストーリーボード上で，効果の設定状況を知りたいクリップにポインタを合わせる。

問題 7.11 1. 目的の音声素材ファイルを音楽クリップとして追加した後，その音楽クリップを選択して，「(音楽ツール) オプション」の「開始時間」を「5秒」，「開始位置」および「停止位置」を，「停止位置」－「開始位置」が30秒となるように修正する。また，「フェードイン」，「フェードアウト」を，どちらも「なし」以外に設定する。

2. 「ホーム」－「ナレーションの録音▼」－「サウンドの追加」からナレーションクリップを追加する。なお，チャイム音は，NHKクリエイティブ・ライブラリーや，Windowsシステムフォルダ（C:\Windows\Media 以下）のデータを利用するとよい。もしくは，「ナレーションの録音」から，自分の声などによるチャイム音を録音するという手法も面白い。次に，追加されたナレーションクリップを選択して，「(ナレーション) オプション」の「開始時間」を「20秒」に設定する。

問題 7.12 1. 指定されたクリップの開始時点にインジケーターを合わせた後，「ホーム」－「キャプション」をクリックする。プレビュー画面にてテキスト内容を編集したら，「フォーマット」－「テキストの表示時間」を指定されたクリップの再生時間の半分に設定する（▼ボタンで表示されるリストにその値がなければ，直接数値を入力してよい）。

2. 「ホーム」－「クレジット」をクリックする。ストーリーボードの末尾に追加されたクレジットのキャプションに，自分の名前を入力する。また，「フォーマット」－「輪郭のサイズ」を「なし」以外に設定する。さらに，追加・設定したクレジットをムービー先頭までドラッグ&ドロップして移動する。

問題 7.13 省略

第8章　省略

重要語彙リスト（3か国語訳）

欧文

	中国語	韓国語	英語	ページ
Excelの基本画面	Excel 页面	엑셀 기본화면	basic working display of the Excel	34
e-ラーニング	数字化学习	이러닝	e-learning	101
FTP	文件传输送协议	FTP	File Transfer Protocol	169
HTML	超文本标记语言	HTML	HyperText Markup Language	153
OPAC	联机公共目录查询系统	OPAC	Online Public Access Catalogs	95
SNS	社会性网络服务	SNS	social networking service	100
URL	网址	URL	Uniform Resource Locator	153
Webサーバ	网页服务器	웹 사이트	Web server	153, 169
Webブラウザ	网络浏览器	웹 브라우저	web browser	89, 153, 169

あ行

アクセシビリティ	可接入性	접근성	accessibility	169
アニメーション	动画	애니메이션	animation	75, 143, 144
アプリケーションソフト	应用软件	어플리케이션 소프트	application software	1
インストール	安装	인스톨	install	2
インターネット	互联网	인터넷	the Internet	113, 114
インデント	缩进	들여쓰기	indent	18

オートムービー	轻松制片	오토무비	AutoMovie	135
音楽ツール	音乐工具	음악 툴	Music editor software	147

か行

箇条書き	项目符号	글머리 기호	bullet point	58, 63
画面切り替え効果	换片效果	화면 전환 효과	transition	77
関数の利用	函数的使用	관수 이용	using function	45
基本ソフト	常用软件	기본 소프트	operating system	1
キャプション	字幕	캡션	caption	130
均等割付	分散対齐	균등분할	equal space	18
グラフ	图表	그래프	graph	67
グラフの作成	制作图表	그래프 작성	Create graph	47, 67
クリップ	剪辑	클립	clip	127
クリップアート	剪贴画	클립아트	clip art	20, 61
敬称	敬称	경칭	honorific title	28
罫線	格线	괘선	ruled line	22
検索サイト	搜索网站	검색 사이트	search engine	93
コールバーグ	科尔伯格	콜버그	Lawrence Kohlberg	120
個人情報	个人信息	개인정보	personal information	111, 115, 117

さ行

視覚効果	视觉效果	시각효과	visual effect	145
時候の挨拶	时令问候	시후(계절)인사	compliments of the season	28
シソーラス	词库	시소러스	thesaurus	102
情報(特性)	信息(特点)	정보(특성)	information (characteristics)	113

情報社会（じょうほうしゃかい）	信息社会	정보사회	information society	111, 113, 114
情報モラル（じょうほう）	信息道德	정보모럴	information moral	119
情報倫理（じょうほうりんり）	信息伦理	정보윤리	information ethics	110, 111, 119
ショートカットメニュー	快捷菜单	단축메뉴	shortcut menu	4
人権侵害（じんけんしんがい）	侵犯人权	인권침해	abuse of human rights	111, 115
図形（ずけい）	图形	도형	graphic	24, 73
スタイルシート	样式表	스타일 시트	style sheet	165
ストーリーボード	故事板	스토리보드	storyboard	129
スパークライン	迷你图	스파크라인	sparkline	52
スマートフォン	智能手机	스마트폰	smartphone	98
スライドショー	幻灯片放映	슬라이드쇼	slide show	58, 83
スライドのレイアウト	版式	슬라이드 레이아웃	layout of slide	62
セルの自動再計算（じどうさいけいさん）	单元格的自动重算	셀 값 자동재계산	automatic recalculation on cells	39
セルの書式設定（しょしきせってい）	单元格格式设置	셀 서식설정	format cell	43
セルの文字・数値入力（もじ・すうちにゅうりょく）	单元格的文字，数字输入	셀 문자・수치입력	inputting characters and numerical numbers on cells	38
セルの数式入力（すうしきにゅうりょく）	单元格的公式输入	셀 수식 입력	inputting mathematical formulas on cells	38
セルの編集（へんしゅう）	单元格编辑	셀 편집	edit cell	41
全角（ぜんかく）	全角	전각	two-byte character	6
全体構成図（ぜんたいこうせいず）	整体构成图	전체 구성도	site map	167
素材ファイル形式（そざい・けいしき）	素材文件格式	소재파일형식	swipe file form	126

た行

タイトルバー	标题栏	타이틀 바	title bar	4, 56
タグ	标签	태그	tag	155
タブレット	平板电脑	태블릿	tablet	98
単語登録	単词登录	단어등록	Store word	10
知的財産権	知识产权	지적재산권	intellectual property right	115, 116
著作権	版权	저작권	copyright	62, 115-117, 168
テーマ	主题	테마	theme	60
テキストツール	文本工具	텍스트 툴	text editor	149
デスクトップ	台式	데스크톱	desktop	3
電子掲示板	网络论坛	전자게시판	bulletin board system	99
電子メール	电子邮件	전자메일	e-mail	103
道徳性認知発達段階	道德发展阶段	도덕성인지발달단계	morality development cognitive aspects	120
道徳的判断	道德上的判断	도덕적판단	moral judgments	119, 120
ドラッグ&ドロップ	拖放	드래그 앤 드롭	drag and drop	3, 16

な行

並べ替え	排序	정렬	sorting	50
ナレーションツール	解说工具	내레이션 툴	narration editor software	147
日本語入力システム	日语输入系统	일본어입력시스템	Japanese input methods	5

は行

発表者ビュー	演示者视图	발표자 화면 보기	presenter view	84
半角	半角	반각	one-byte character	6

日本語	中文	한국어	English	ページ
ビジネス文書	商务文书	비즈니스문서	business documents	27
ビデオツール	视频工具	비디오 툴	video software	140
誹謗中傷	诽谤中伤	비방중상	mental abuse	111, 115
表	表格	표	table	63
表記の揺れ	书写不规范	표기의 불안정	orthographical variants	102
表の作成	制作表格	표 작성	Create table	22, 64
ファイル	文件夹	파일	file	14
ファンクションキー	功能键	펑크션(기능) 키	function key	6
フィルター	筛选	필터	filter	51
フォルダ	文件夹	폴더	folder	4
フォント	字体	폰트	font	17
プレースホルダー	占位符	개체 틀	placeholder	57, 60
プレビュー画面	预览画面	프리뷰 화면	preview picture	131
ブログ	博客	블로그	blog	100
プロジェクト	项目	프로젝트	project	128
ページレイアウト	页面	페이지 레이아웃	page layout	19
ヘッダーとフッター	页眉与页脚	머리글과 바닥글	header and footer	26

ま行

日本語	中文	한국어	English	ページ
ムービーファイル	视频文件	무비파일	movie file	138
ムービーメーカー	movie maker	무비메이커	Movie Maker	125
文字飾り	文字修饰	효과	character formatting	17

や・ら・わ行

日本語	中文	한국어	English	ページ
要素	要素	요소	element	155
リハーサル	排练计时	리허설	rehearsal	78

リンク	链接	링크	link	160, 162
ローマ字入力	罗马字输入	로마자입력	Romaji input	5
ログイン	注册	로그인	login	2
ワードアート	艺术字	워드아트	WordArt	21

[著者紹介]

橋本　恵子（はしもと　けいこ）（担当章：第1, 2章）
九州大学大学院芸術工学府博士後期課程単位取得退学
現　　在：福岡工業大学短期大学部准教授・教育学修士
専　　門：教育方法学，情報教育，日本語コミュニケーション教育

金子　大輔（かねこ　だいすけ）（担当章：第4, 8章）
名古屋大学大学院教育発達科学研究科博士後期課程単位取得退学
現　　在：北星学園大学経済学部准教授・修士（教育学）
専　　門：教育工学，教育情報学

西村　靖史（にしむら　やすふみ）（担当章：第3章）
麻布大学大学院獣医学研究科獣医学専攻博士課程修了
現　　在：別府大学文学部人間関係学科准教授・獣医学博士
専　　門：神経科学，情報教育

宮川　幹平（みやかわ　かんぺい）（担当章：第7章）
電気通信大学大学院電気通信学研究科博士後期課程単位取得退学
現　　在：東海大学福岡短期大学情報処理学科准教授・博士（理学）
専　　門：離散数学，教育工学

岡本　尚志（おかもと　たかし）（担当章：第5章）
電気通信大学大学院電気通信学研究科博士前期課程修了
現　　在：聖徳大学児童学部児童学科専任講師・工学修士
専　　門：情報学，システム工学，初年次教育

林　泰子（はやし　やすこ）（担当章：第6章）
滋賀大学大学院教育学研究科学校教育専攻情報教育専修修了
現　　在：立命館大学情報理工学部非常勤講師・教育学修士
専　　門：情報教育（情報モラル・情報倫理），教育方法学

[訳者紹介]

張　浩帆（ちょう　こうはん）（担当：中国語翻訳）
九州産業大学大学院商学研究科博士後期課程単位取得退学
現　　在：華東政法大学外国語学院専任講師・経済学修士
専　　門：日本語教育，日本事情

崔 殷爀（ちぇ　うん　ひょく）（担当：韓国語翻訳）
福岡大学大学院人文科学研究科日本語日本文学専攻博士課程修了
現　　在：国立仁川大学校師範大学日本語教育科教授・文学博士
専　　門：日本語教育，ビジネス日本語教育，多言語・多文化教育

大塚　良治（おおつか　りょうじ）（担当：英語翻訳）
横浜国立大学大学院国際社会科学研究科博士課程後期修了
現　　在：湘北短期大学准教授・博士（経営学）
専　　門：交通経営論

留学生のための日本語で学ぶ パソコンリテラシー *Personal Computer Literacy for International Students-Learning in Japanese Language*	著 者	橋本恵子　金子大輔 西村靖史　宮川幹平 岡本尚志　林　泰子	Ⓒ 2015
	訳 者	張　浩帆　崔　殷爀 大塚良治	
2015 年 1 月 25 日　初版 1 刷発行 2017 年 4 月 10 日　初版 2 刷発行	発行者	南條光章	
	発行所	共立出版株式会社 〒 112-0006 東京都文京区小日向 4-6-19 電話　03-3947-2511（代表） 振替口座 00110-2-57035 URL http://www.kyoritsu-pub.co.jp/	
	印　刷	精興社	
	製　本	協栄製本	
検印廃止 NDC 007.63, 548.29 ISBN 978-4-320-12383-0	一般社団法人 自然科学書協会 会員 Printed in Japan		

JCOPY 〈出版者著作権管理機構委託出版物〉
本書の無断複製は著作権法上での例外を除き禁じられています．複製される場合は，そのつど事前に，出版者著作権管理機構（TEL：03-3513-6969，FAX：03-3513-6979，e-mail：info@jcopy.or.jp）の許諾を得てください．